服装工艺制作

刘胜早 ■ 主 编

清华大学出版社
北 京

内 容 简 介

"服装工艺制作"是服装专业重要的课程。全书分3章,第1章为理论与基础,第2章为演练与实践,第3章为拓展与提升。全书理论联系实际,在内容选材上充分考虑学生的实际情况和服装企业的实际需要,由浅入深,强调专业技能训练和对学生实际操作技能的培养。

本书既可作为中等职业学校服装类专业教材,也可作为服装技术人员的技术培训教学用书,对于服装爱好者也是一本很好的自学用书。

本书封面贴有清华大学出版社防伪标签,无标签者不得销售。
版权所有,侵权必究。举报:010-62782989,beiqinquan@tup.tsinghua.edu.cn。

图书在版编目(CIP)数据

服装工艺制作 / 刘胜早主编. -- 北京:清华大学出版社,2024.9. -- ISBN 978-7-302-67267-8

Ⅰ. TS941.6

中国国家版本馆 CIP 数据核字第 2024N9A326 号

责任编辑:杜 晓 鲜岱洲
封面设计:曹 来
责任校对:李 梅
责任印制:沈 露

出版发行:清华大学出版社
网　　址:https://www.tup.com.cn,https://www.wqxuetang.com
地　　址:北京清华大学学研大厦A座　　邮　编:100084
社 总 机:010-83470000　　邮　购:010-62786544
投稿与读者服务:010-62776969,c-service@tup.tsinghua.edu.cn
质量反馈:010-62772015,zhiliang@tup.tsinghua.edu.cn
课件下载:https://www.tup.com.cn,010-83470410
印 装 者:三河市龙大印装有限公司
经　　销:全国新华书店
开　　本:185mm×260mm　　印　张:7.5　　字　数:180千字
版　　次:2024年9月第1版　　印　次:2024年9月第1次印刷
定　　价:42.00元

产品编号:108099-01

前言

　　服装行业是我国传统支柱产业之一,在国民经济中处于重要地位。近几年,我国的纺织服装业有了较大的发展,但随着科学技术的进步,服装行业也面临着转型的压力。服装工艺技术人员作为服装行业中的重要角色,主要负责研究和应用各种工艺技术,确保服装的质量、适合度和可生产性。因此,在职业院校服装教学中,服装工艺技能的培养,对职业院校学生成为适应产业发展的应用型技术技能型人才具有重要意义。

　　服装工艺是服装设计师的必备技能之一,若缺乏熟练的服装制作工艺,便无法更好地体现设计思想和设计要求,也难以将设计的特点完全展示出来。只有具备良好的审美与艺术修养,掌握人体知识,熟悉服装制作工艺,熟练掌握制版技能,才能真正成为一名适应当今服装市场发展的服装设计师。因此,在学习服装设计的过程中,熟悉服装制作工艺是关键。本书系统地介绍了服装工艺的基本原理、技巧和方法,旨在帮助职业院校学生全面掌握服装工艺的技能,提高服装工艺制作的能力。

　　本书以任务驱动的形式开展教学。通过项目引领模式的任务发布,激发学生学习服装缝制工艺的操作流程和基本技能的兴趣;通过对接具体的工作,了解真实岗位服装工艺的操作流程和服装缝制的原理。书中内容编排由浅入深,从基础口袋制作到服装成品制作,在感知认识的基础上,加入相关原理的知识和详细的图片及操作步骤,使原本抽象、乏味的知识点因具象的载体而生动、易学、实用,从而激发学生的学习动力,对服装工艺制作开展深入学习。

　　本书教学内容分为任务导读、技术要求、实训记录等。本书设置有配套的实训作业练习,给予学生足够的空间进行记录,助力学生在理解服装工艺基本原理的同时,学会举一反三、触类旁通。相信学生能够通过系统的练习,具备独立进行服装工艺制作的能力。

　　本书由刘胜早主编,负责全书的统稿和修改,副主编为陈洁、尤杨。具体编写分工如下:知识准备部分由叶君、郭李活编写;零部件缝纫工艺部分由尚婉桐、林成叶编写;成衣部分由陈洁、潘璐编写;朱楠、陈跃舒负责本书的插画绘制,姚秀肖、金颖颖、毛天依负责本书的校对工作。

　　本书编写的初心是提供优质的服装工艺教育资源,帮助学生获得有效的学习体验和知识。本书根据学生的学习需求和教学目标,设计合适的学习内容和教学方法,希望广大读者在使用本书的过程中,能够提出宝贵的意见和建议,以便我们不断改进和完善,更好地满足读者的学习需求。

编　者

2024 年 4 月

目 录

第1章 服装工艺的理论与基础 …………………………………………………… 1

任务1.1 机缝基础 …………………………………………………………… 1
1.1.1 机缝训练 ………………………………………………………… 2
1.1.2 常用缝型 ………………………………………………………… 2

第2章 服装工艺的演练与实践 …………………………………………………… 7

任务2.1 口袋缝纫工艺 ……………………………………………………… 7
2.1.1 双嵌线开袋制作 ………………………………………………… 7
2.1.2 斜插袋口袋制作 ………………………………………………… 15
2.1.3 贴袋制作 ………………………………………………………… 22

任务2.2 零部件缝纫工艺 …………………………………………………… 31
2.2.1 衬衫领制作 ……………………………………………………… 31
2.2.2 袖衩制作 ………………………………………………………… 36
2.2.3 门里襟制作 ……………………………………………………… 40
2.2.4 腰头制作 ………………………………………………………… 44

任务2.3 拉链缝纫工艺 ……………………………………………………… 49
2.3.1 拉链制作 ………………………………………………………… 49
2.3.2 隐形拉链制作 …………………………………………………… 55

第3章 服装工艺的拓展与提升 …………………………………………………… 60

任务3.1 裙装成品制作 ……………………………………………………… 60
3.1.1 裙装裁片规格及数量 …………………………………………… 61
3.1.2 一步裙缝制工艺流程 …………………………………………… 62
3.1.3 一步裙的缝制方法 ……………………………………………… 62
3.1.4 装隐形拉链 ……………………………………………………… 66
3.1.5 做开衩 …………………………………………………………… 66
3.1.6 缉、烫侧缝 ……………………………………………………… 68
3.1.7 烫、缉下摆 ……………………………………………………… 69
3.1.8 装腰 ……………………………………………………………… 69

任务3.2　裤装成品制作 ·· 71
　　3.2.1　女西短裤的裁片及辅料 ·· 72
　　3.2.2　女西短裤的缝制工艺流程 ·· 74
　　3.2.3　女西短裤的缝制工艺操作步骤 ··· 74

任务3.3　衬衫成品制作 ·· 89
　　3.3.1　男衬衫的裁片规格及数量 ·· 90
　　3.3.2　男衬衫的缝制工艺流程 ·· 91
　　3.3.3　男衬衫的缝制工艺操作步骤 ··· 92

任务3.4　女西服成品制作 ··· 102
　　3.4.1　女西服成衣的工业样板及排料图 ··· 103
　　3.4.2　女西服成衣的裁片数量与辅料 ·· 103
　　3.4.3　女西服的缝制工艺操作步骤 ·· 104

参考文献 ··· 114

第 1 章　服装工艺的理论与基础

任务 1.1　机缝基础

任务导读

本任务主要学习服装机缝工艺基础相关知识,使读者了解常用缝型在服装上的运用。本任务主要讲解了机缝训练、常用缝型的质量要求、工艺流程和技术要领,利用图片生动形象地描述各缝型的操作方法、缝制工艺及完成效果。

实训课程	机缝工艺训练	实训地点	
实训内容	基础机缝工艺	实训日期	
实训目的与要求	1. 掌握缝纫机的使用方法和操作要领。 2. 掌握各种缝型及其在服装上的运用。 3. 能独立操作各种缝型的缝制工艺并符合质量要求。 4. 培养理论与实践相结合的学习习惯。		
实训设备			
实训小结			

1.1.1　机缝训练

（1）机针、线的选用：机针的号码越小，针身越细；面料厚硬的，机针要选择针身粗、号码大的。机针、线如图1-1所示。

图　1-1

（2）空车缉纸训练：抬起压脚扳手，将针杆调到最高位置，把纸放在送布台上，放下压脚，开机，踏动踏板，开始缉纸练习。

（3）机缝时左手推上层，右手拉下层，保持上下两层松紧一致，缝份宽窄一致，如图1-2所示。

 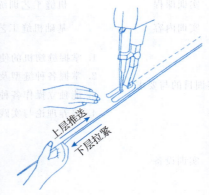

图　1-2

✂ 技术要求

（1）踏板踩踏速度要均匀，起止针控制要准确。

（2）缉线要顺直，弧线要圆顺，平行线距离要一致。

1.1.2　常用缝型

1. 平缝、分缝

平缝、分缝是指两片面料正面相对、上下对齐，沿所留缝头缝合，缝份一般留1cm，开始和结束需做到回针，如图1-3所示。两层衣片平缝后，毛缝向两边分开，用于衣片的拼接，如1-4所示。

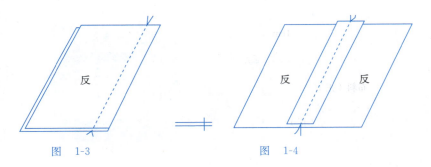

图 1-3　　　　　　图 1-4

2. 分缉缝

分缉缝是指两层衣片平缝后再分缝,在衣片正面两边各压缉一道明线,用于衣片拼接部位的装饰和加固作用,如图 1-5 所示。

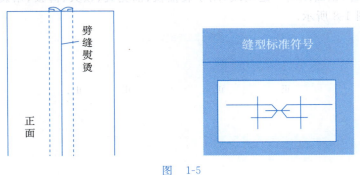

图 1-5

3. 坐倒缝

坐倒缝是指两层衣片平缝后,毛缝单边坐倒,用于夹里与衬布的拼接部位,如图 1-6 所示。

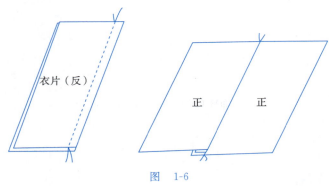

图 1-6

4. 搭缝

搭缝是指两片衣片相搭重合 1cm,正中间缝一道线,如图 1-7 所示。

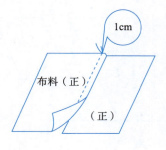 

图 1-7

5. 压绲缝

压绲缝是指上层衣片缝口折光,盖住下层衣片缝头或对准下层衣片应缝的位置,正面压绲一道明线,用于装袖衩、袖克夫、领头、裤腰、贴袋或拼接等,如图1-8所示。

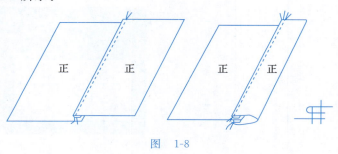

图 1-8

6. 落漏缝

落漏缝是指明线绲在做缝旁或分缝中,用于装裤腰、固定嵌条等,如图1-9所示。

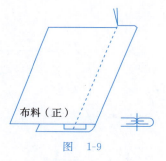

图 1-9

7. 贴边缝

贴边缝(也称卷边缝)是指衣服反面朝上,把缝头折光后再折转一定的宽度,沿贴边的边缘绲0.1cm止口。注意上下层松紧一致,防止起涟,如图1-10所示。

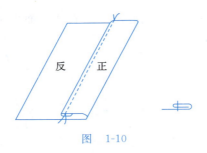

图 1-10

8. 来去缝

来去缝是指两层衣片反面相叠,平缝0.3cm缝头后把毛丝修剪整齐,翻转后正面相叠合缉0.5cm,把第一道毛缝包在里面。来去缝用于薄料衬衫、衬裤等,如图1-11所示。

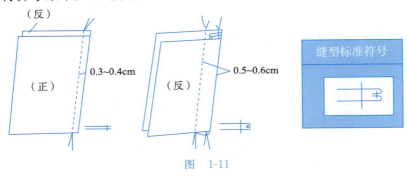

图 1-11

9. 明包缝

明包缝是指明缉呈双线,两层衣片反面相叠,下层衣片缝头放出0.3cm包转,再把包缝向上层正面坐倒,缉0.5cm止口。明包缝用于男士两用衫、夹克衫等,如图1-12所示。

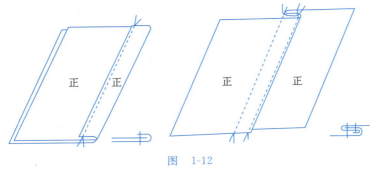

图 1-12

10. 暗包缝

暗包缝是指明缉成单线,两层衣片正面相叠,下层放边0.3cm缝头,包

实训记录

转上层,缉0.1cm止口,再把包缝向上层衣片反面坐倒。暗包缝用于夹克衫等,如图1-13所示。

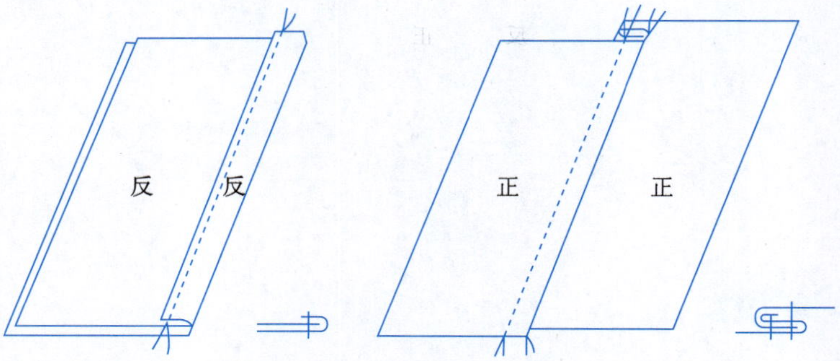

|反|反| |正|正|

图 1-13

实训作业

1. 常用缝型有哪几种?来去缝一般用于什么面料?

_____
_____
_____
_____

2. 简述机缝时左右手的分工有何不同。

_____
_____
_____

3. 按缝型每个实物做2个。

_____
_____
_____
_____

第 2 章　服装工艺的演练与实践

任务 2.1　口袋缝纫工艺

> **任务导读**
>
> 本任务内容是服装初学者学习缝制工艺的基础,以服装上的几个主要零部件为基础,讲解服装零部件双嵌线开袋的款式说明、成品规格、质量要求和工艺流程,并运用具体实例生动形象地阐述了服装各部件的操作方法及完成效果。

2.1.1　双嵌线开袋制作

实训课程	服装缝制工艺	实训地点	
实训内容	双嵌线开袋制作	实训日期	
实训目的与要求	1. 了解双嵌线在服装上的运用及各部件的结构与特点。 2. 掌握双嵌线开袋的缝制、熨烫工艺技巧,掌握双嵌线口袋的开袋、封"门"字的技巧和要领。		
实训设备			
实训小结			

实训记录

▷ **部件说明**

　　双嵌线开袋是指袋口装有两根嵌线的口袋,属挖袋的一种。双嵌线袋的运用很广泛,在上装、裤装、裙装上都常用到,袋口由双嵌条构成,嵌条的宽窄可根据款式而定,如图 2-1 所示。

图 2-1

▷ **成品规格**

　　成品规格(单位:cm)如图 2-2 所示。

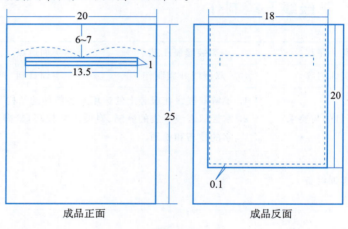

图 2-2

✂ **技术要求**

　　(1) 口袋大小符合规格尺寸。
　　(2) 嵌条宽窄一致。
　　(3) 开口方正,袋角不露毛、无褶裥。
　　(4) 袋口平整服帖,缉线顺直、无豁口。

1. 双嵌线开袋的裁片规格及数量

　　双嵌线开袋的裁片规格(单位:cm)及数量如图 2-3 所示。

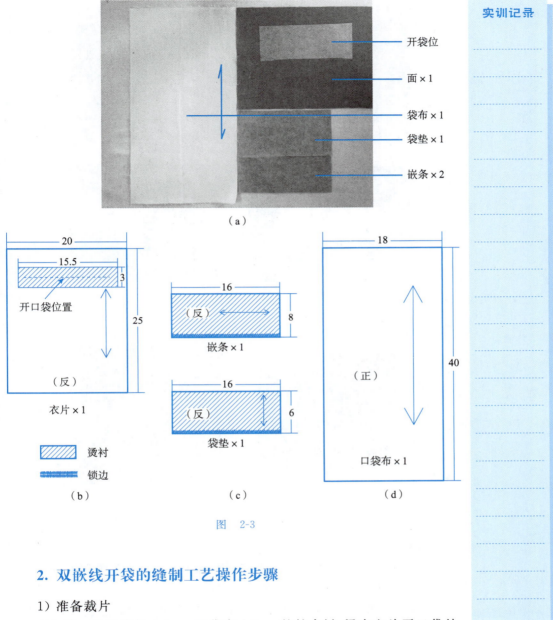

图 2-3

2. 双嵌线开袋的缝制工艺操作步骤

1）准备裁片

（1）剪一片口袋长+2cm、口袋宽+2cm 的粘合衬，烫在衣片开口袋处的反面，如图 2-4(a)所示。

（2）完成袋垫、嵌条烫衬，如图 2-4(b)所示。

（3）将嵌条一侧锁边，如图 2-4(c)所示。

（4）完成裁片准备，如图 2-4(d)所示。

2）定袋位

（1）在衣片正面用画粉定出口袋的位置和形状，如图 2-5(a)所示。

（2）将线迹调到"5"，沿开口袋线固定衣片与袋布，两头不回车，如

图 2-5(b)所示。

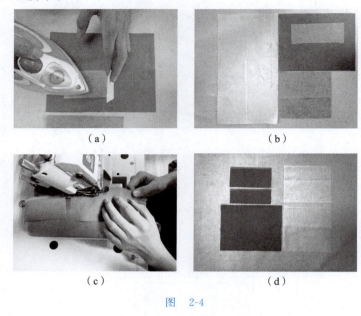

图 2-4

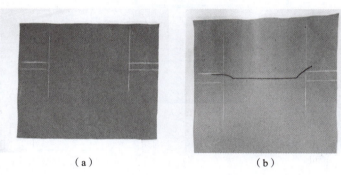

图 2-5

3）缉嵌条

（1）将嵌条锁边一边朝自己，对齐衣片，缉出上嵌条宽，如图 2-6(a)所示。

（2）分别缉出上下嵌条宽，如图 2-6(b)所示。

（3）缉线要求平行，宽窄一致，反面如图 2-6(c)所示。

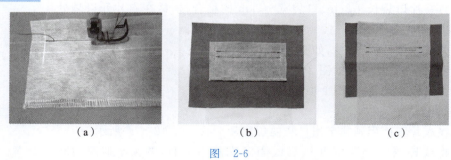

图 2-6

4）缝制开口袋

（1）小心剪开嵌条，如图 2-7（a）所示。

（2）再剪开衣片，预留三角位置，三角长度为 1～1.5cm. 如图 2-7（b）所示。

（3）按三角位置剪开三角，注意不可剪过或剪破，如图 2-7（c）所示。

（4）开口袋成品如图 2-7（d）所示。

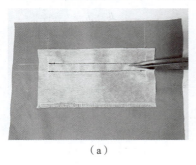 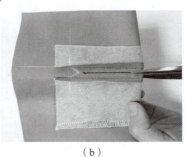

（a）　　　　　　　　　　　（b）

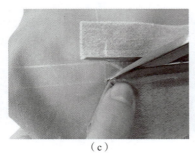 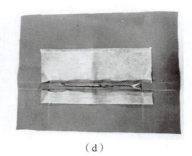

（c）　　　　　　　　　　　（d）

图 2-7

5）翻转嵌条

（1）将嵌条一边翻转到衣片反面熨烫，如图 2-8（a）所示。

（2）再翻转另一边熨烫，完成效果如图 2-8（b）所示。

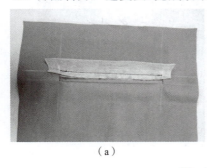 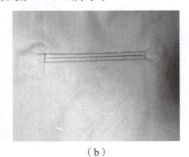

（a）　　　　　　　　　　　（b）

图 2-8

6）封三角

（1）将口袋整烫后正面朝上放平，将衣片和口袋布翻起，拉挺嵌条，如图 2-9（a）所示。

（2）在三角根部来回缉 3 道或 4 道线固定，如图 2-9（b）所示。

实训记录

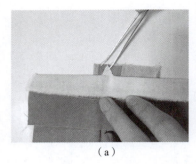 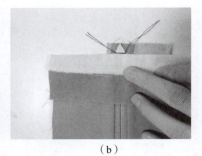

（a） （b）

图 2-9

7）固定嵌条及袋垫

（1）将衣片翻折，沿嵌条锁边处固定嵌条，如图 2-10(a)所示。

（2）固定好嵌条与口袋布，如图 2-10(b)所示。

（3）确定袋垫大致位置，如图 2-10(c)所示。

（4）用同样方法沿锁边处固定袋垫与袋布，如图 2-10(d)所示。

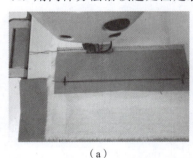 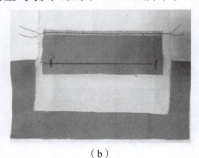

（a） （b）

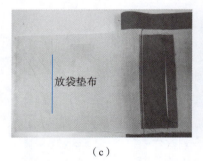 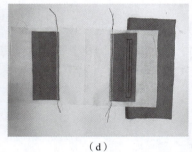

（c） （d）

图 2-10

8）缝合袋布、缉明线

（1）口袋布正正相对，缉缝头 1cm，如图 2-11(a)所示。

（2）修剪后翻折，如图 2-11(b)所示。

（3）翻折过来后，熨平，如图 2-11(c)所示。

（4）袋布缉 0.1cm 明线装饰，如图 2-11(d)所示。

9）封"门"字

（1）将衣片折起，沿口袋根部固定上下袋布，如图 2-12(a)所示。

（2）固定后形似"门"字，如图 2-12(b)所示。

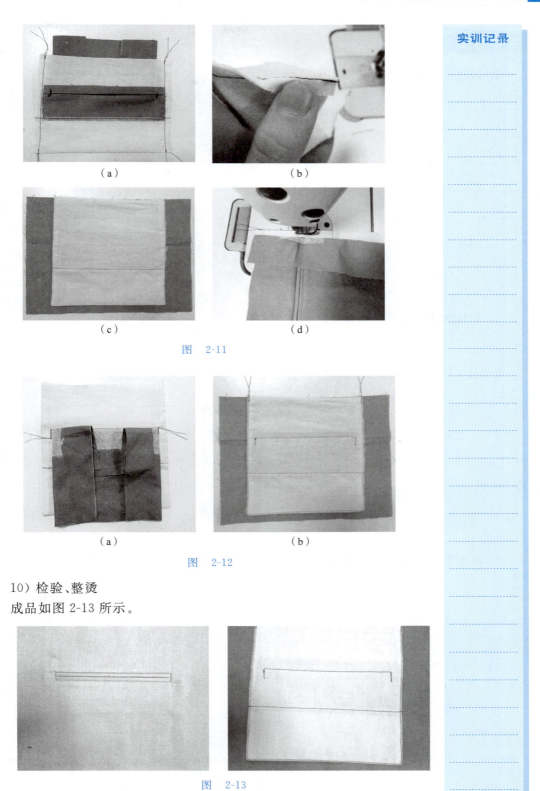

图 2-11

图 2-12

10）检验、整烫

成品如图 2-13 所示。

图 2-13

实训记录

实训作业

1. 简述双嵌线开袋的制作过程。

2. 如何做好双嵌线口袋的开袋和封"门"字？

3. 按工艺流程制作2个双嵌线开袋。

2.1.2 斜插袋口袋制作

实训课程	零部件缝制工艺	实训地点	
实训内容	西裤斜插袋缝制工艺	实训日期	
实训目的与要求	1. 了解斜插袋在服装上的运用及各部件的结构与特点。 2. 掌握斜插袋开袋的缝制、熨烫工艺技巧,掌握斜插袋开袋技巧和要领。		
实训设备			
实训小结			

▷ 部件说明

斜插袋的式样千变万化,男、女装皆可用,一般用在裙子和裤子上,单从造型上可分为直插袋和斜插袋。斜插袋是常用的一种口袋,男西裤上最常见,既有实用功能,也有装饰功能,如图 2-14 所示。

图 2-14

▷ 成品规格

斜插袋的成品规格(单位:cm)如图 2-15 所示。

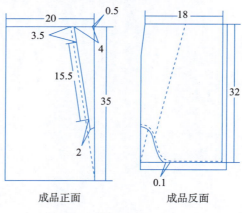

成品正面　　　成品反面

图 2-15

✂ 技术要求

(1) 侧缝缝份足,无虚缝。
(2) 袋口平整服帖,下袋口无毛边外露。
(3) 止口明线顺直,无起涟。
(4) 袋口大小合适、斜度准确。
(5) 袋口封结牢固。
(6) 袋布平整服帖,绱线圆顺,袋底无毛边外露。

1. 斜插袋的裁片规格、数量及工艺流程图

斜插袋的裁片规格(单位:cm)及数量如图 2-16 所示。

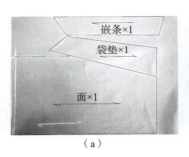 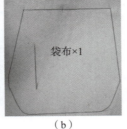

图 2-16

斜插袋的缝制工艺流程如图 2-17 所示。

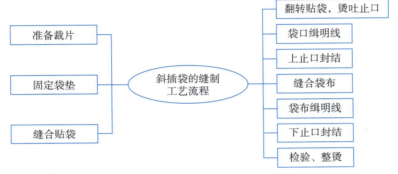

图 2-17

2. 斜插袋的缝制工艺操作步骤

1)准备裁片
(1)将袋垫、袋贴烫衬,如图 2-18(a)所示。
(2)袋垫、袋贴长边的一侧锁边,如图 2-18(b)所示。
(3)完成裁片准备,如图 2-18(c)所示。

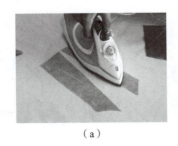  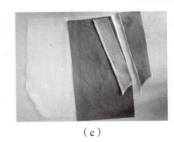

图 2-18

2)固定袋垫
(1)将袋垫正面朝上,并与袋布反面侧缝边对齐,如图 2-19(a)所示。
(2)沿袋口长缉线,如图 2-19(b)所示。
(3)完成袋垫固定,如图 2-19(c)所示。

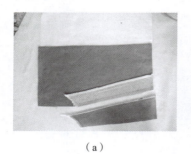 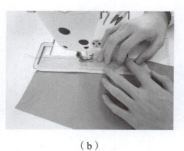 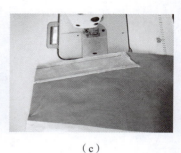

(a)　　　　　　　　　(b)　　　　　　　　　(c)

图 2-19

3）缝合贴袋

（1）袋布正面与贴袋位置对齐，按锁边线固定贴袋，如图 2-20(a)所示。

（2）袋布、裤片正面朝上，贴袋反面朝上，对齐袋口线绱线，缝份 1cm，如图 2-20(b)所示。

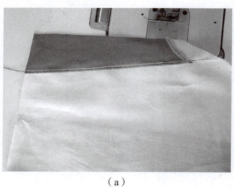 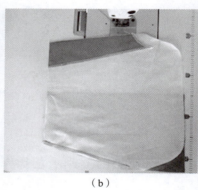

(a)　　　　　　　　　　　　　　(b)

图 2-20

4）翻转贴袋，烫吐止口

（1）在袋口根部由斜上 45°距绱线 0.1cm 处打一剪口，如图 2-21(a)所示。

（2）将贴袋固定在袋布上，再翻转至反面，进行扣烫，裤片吐止口 0.1cm，如图 2-21(b)所示。

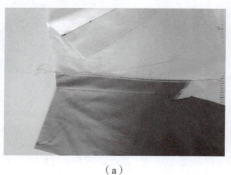 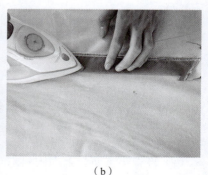

(a)　　　　　　　　　　　　　　(b)

图 2-21

5)袋口缉明线

(1)裤片正面朝上,距袋口边 0.5cm 处缉线,如图 2-22(a)所示。

(2)完成袋口缉明线,如图 2-22(b)所示。

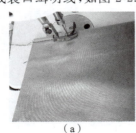 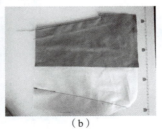

　　　(a)　　　　　　　(b)

图　2-22

6)上止口封结

(1)对齐裤片和袋垫侧缝边,确定上止口位置,如图 2-23(a)所示。

(2)垂直于袋口边回车 2 针或 3 针固定,如图 2-23(b)所示。

　　　(a)　　　　　　　(b)

图　2-23

7)缝合袋布

(1)将袋布正正相对折,如图 2-24(a)所示。

(2)拨开裤片,袋布弧线相对齐,如图 2-24(b)所示。

(3)沿袋布弧线缉线缝合缝头 1cm,如图 2-24(c)所示。

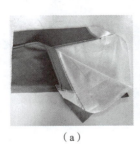 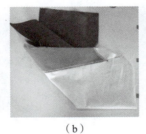 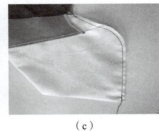

　　(a)　　　　　(b)　　　　　(c)

图　2-24

8）袋布缉明线

（1）修剪处理袋布缝头，翻转至正面，如图 2-25（a）所示。

（2）拨开裤片，缉 0.5cm 装饰明线，如图 2-25（b）所示。

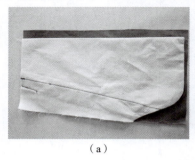
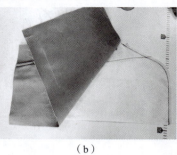

（a） （b）

图 2-25

9）下止口封结

（1）在裤片正面确定下止口位置，如图 2-26（a）所示。

（2）封结方法同上止口，如图 2-26（b）所示。

（a） （b）

图 2-26

10）检验、整烫成品

结果如图 2-27 所示。

图 2-27

实训作业

1. 简述斜插袋的制作过程。

2. 按工艺流程制作2个斜插袋。

2.1.3　贴袋制作

实训课程	服装缝制工艺	实训地点	
实训内容	中山装贴袋工艺	实训日期	
实训目的与要求	1. 了解中山装贴袋的结构与特点。 2. 掌握中山装贴袋的缝制、熨烫工艺技巧和要领。		
实训设备			
实训小结			

▷ **部件说明**

中山装是中国民族服装中最有代表性的男装,其制作工艺要求严格,对缝制者的基本功要求非常高。在中山装整件服装中,小袋的地位举足轻重。中山装的贴袋为平贴袋,加袋盖,袋盖和小袋上压双止口线,左侧胸袋盖上有一个 3.5~4cm 的插笔孔,如图 2-28 所示。

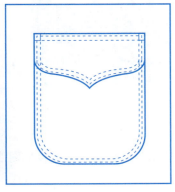

图 2-28

▷ **成品规格**

中山装小袋的工业样板(单位:cm)如图 2-29 所示。

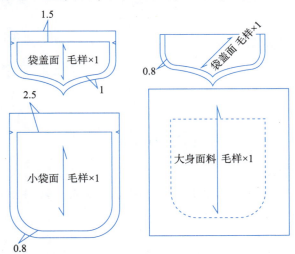

图 2-29

✂ **技术要求**

(1) 中山装小袋及袋盖要符合要求,明线针距每 3cm 不少于 15 针。

(2) 双止口线均匀无宽窄,中山装小袋盖角窝服、圆顺、左右对称。

(3) 中山装小袋左右长短一致,装小袋盖进出适宜、高低一致,止口无反吐即呈里外均势。

(4) 中山装小袋底圆顺对称,无脱线。

实训记录

1. 中山装小袋的裁片、辅料及工艺流程

面料类：大身片（1 片）、袋盖（2 片）、小袋（1 片），如图 2-30（a）所示。
衬料类：袋盖粘合衬（1 片），如图 2-30（b）所示。

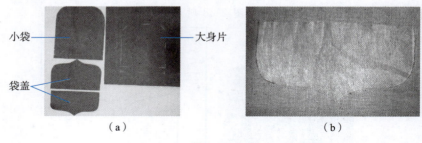

图 2-30

中山装小袋的缝制工艺流程如图 2-31 所示。

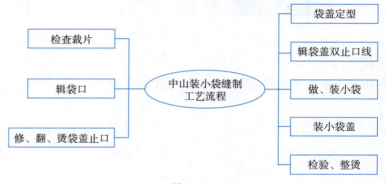

图 2-31

2. 中山装小袋的缝制工艺操作步骤

1）检查裁片

根据提供的样板进行裁剪，然后检查裁片是否正确，主、副片是否齐配；各部位有无残、瑕疵点及色差。

2）缉袋盖

（1）袋盖面烫无纺粘合衬，按袋盖净样板画净粉线，如图 2-32（a）所示。
（2）袋盖里烫无纺粘合衬，如图 2-32（b）所示。
（3）把袋盖面、里正面相对，袋盖里在上，按净样板车缉，缉时袋盖里略紧，缉线顺直，圆角圆顺，如图 2-32（c）所示。
（4）缉线时在圆角处将袋盖里带紧，形成面松里紧。缉线顺直，圆角圆顺，面松里紧，如图 2-32（d）所示。

3）修、翻、烫袋盖止口

（1）修剪袋盖缝头留 0.3～0.4cm，其余剪掉（圆角处要更小些），如图 2-33（a）所示。

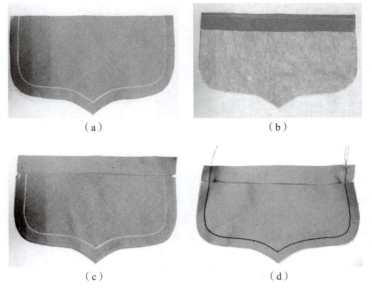

图 2-32

（2）将小袋盖尖角处缝头折转，然后翻出，如图 2-33（b）所示。

（3）圆角可借助硬物翻出，如图 2-33（c）所示。

（4）要求圆角圆顺，无棱角，如图 2-33（d）所示。

（5）袋盖里止口坐进 0.1cm，并用熨斗把袋盖夹里止口烫平、烫圆顺，如图 2-33（e）所示。

（6）将袋盖盖上烫布，熨烫定型，如图 2-33（f）所示。

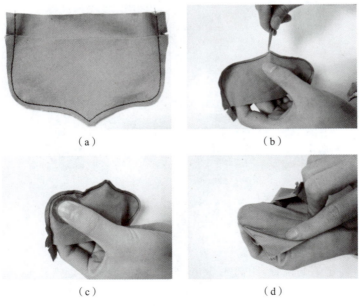

图 2-33

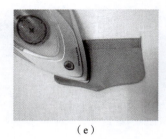
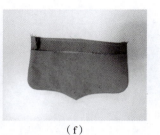

(e)　　　　　　　　　　(f)

图 2-33（续）

注意：修袋盖止口时圆角及弧线处要修剪到位，缝份不能太大，否则会造成圆角不圆顺且太厚；也不能修剪过度，一般余 0.2～0.3cm，否则圆角剪得过多会露毛边或破损。烫袋盖时要烫出里外均势，袋盖圆角处要有窝势，袋盖左右对称、造型一致。此步骤要求止口不外吐，即呈里外均势，小袋盖圆角窝服、圆顺、左右对称。

4) 袋盖定型

(1) 将缉好的袋盖按袋盖净样板的形状熨烫定型，如图 2-34(a)所示。

(2) 袋口缝份烫折，缝份太大会造成装好袋盖后缝份外露太多而不美观，如图 2-34(b)所示。

(3) 袋口折后净边 0.8cm，如果缝份大于 0.8cm 则需要修剪。如图 2-34(c)所示。

(4) 定型后的袋盖与净样板一致，不变形，如图 2-34(d)所示。

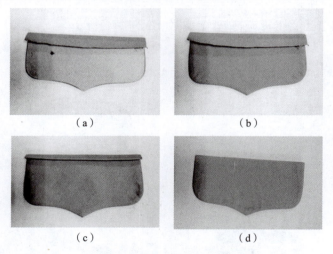

(a)　　　　　　　　　　(b)

(c)　　　　　　　　　　(d)

图 2-34

5) 缉袋盖双止口线

(1) 确定笔洞位置，距离 4.5cm，如图 2-35(a)所示。

(2) 将平车的针距调到 2 档，从毛缝起针缉线 4.5cm，缉线宽 0.1cm，如图 2-35(b)所示。

(3) 缉双止口线，缉线宽 0.5～0.6cm，如图 2-35(c)所示。

(4)要求上下线松紧适宜,缉线顺直、宽窄一致,中间不断线,圆角圆顺流畅,如图2-35(d)所示。

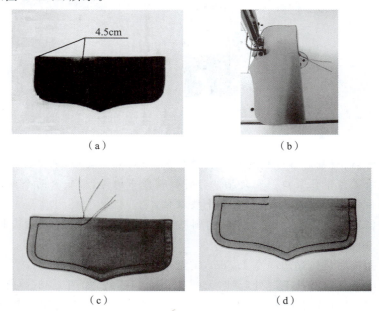

图 2-35

6)做、装小袋

(1)缉抽纱线。将针车的针距调至最大,在袋底圆角附近离袋净样线0.5cm左右缉线,如图2-36(a)所示。

缉线一圈,两端的线头要留得长一些且起落针不回车,如图2-36(b)所示。

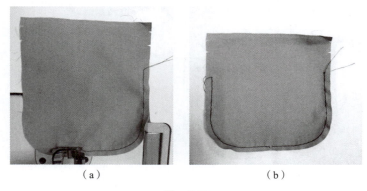

图 2-36

注意:两端线头的起始位置不能离圆角太远,否则会给抽纱造成困难或袋侧有皱褶、不平整服帖。

烫圆角:按样板抽紧圆角,圆角抽纱时将皱褶分布均匀,如图2-37(a)所示。并使圆角的皱褶分布均匀服帖,扣烫定型,如图2-37(b)所示。

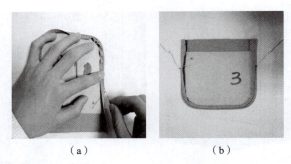

图 2-37

注意：烫袋时各部位面料要扣紧样板，否则袋会变形，袋口会比样板大，造成袋盖盖不住袋口。圆角抽纱时将皱褶分布均匀，袋底除两个圆角外，其他部位不允许出现皱褶，一定要平整服帖。

（2）做小袋止口线。袋口面料按刀眼或样板进行折转贴边扣烫，如图 2-38(a)所示。

扣烫后袋口贴边净宽 1.5cm，定型熨烫。如图 2-38(b)所示。

小袋止口线从毛缝处起针，缉 0.1cm 止口明线，如图 2-38(c)所示。

缉小袋止口明线两端不要回车，否则会使成品缉线不美观。小袋与小袋净样板保持一致、无变形，袋口贴边缉线宽窄一致、明线顺直，如图 2-38(d)所示。

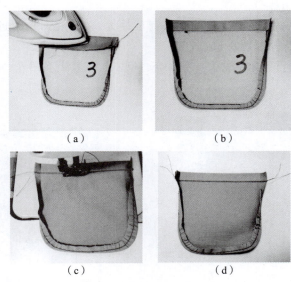

图 2-38

（3）装小袋。在大身面料上用净样板将小袋定位，并将小袋按刀眼标记固定，如图 2-39(a)所示。

将小袋与大身固定缉线，要求缉线顺直，圆角圆顺，中间无线头，如图 2-39(b)所示。

缉双止口线,袋口左右两端起止缉来回针,双止口线均匀,如图2-39(c)所示。

完成小袋缉线,要求小袋及大身平整服帖,松紧适宜,袋口无脱线,如图 2-39(d)所示。

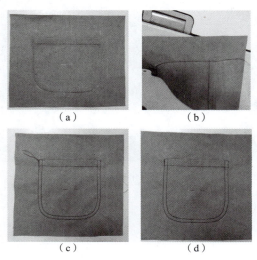

图 2-39

7) 装小袋盖

(1) 确定小袋盖的位置,如图 2-40(a)所示。

(2) 沿袋盖净宽线缉双止口线。装小袋盖时左右高低要一致,回车要到位,笔洞及袋盖两端回针,不能脱线,线头引向反面打结,如图 2-40(b)所示。

(3) 要求袋口与袋盖大小完全吻合,袋盖与口袋位置无位移,装小袋盖进出适宜、高低相同,左右高低保持一致,如图 2-40(c)所示。

(4) 完成袋盖制作后,反面显示笔洞的位置,如图 2-40(d)所示。

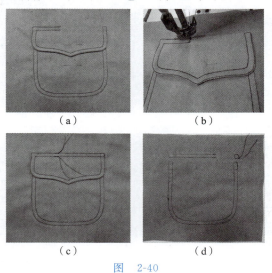

图 2-40

实训记录

8)检验、整烫

中山装小袋正面垫烫布,避免出现极光现象。要求小袋平整,袋角窝服,表面清洁,无烫黄、烫焦、极光现象,如图2-41所示。

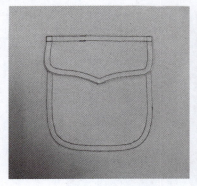 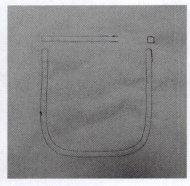

图 2-41

实训作业

1. 简述中山装小袋的制作过程。

2. 如何做好中山装袋盖、贴袋、笔洞的缝制工艺?

3. 按工艺流程制作2个中山装小袋。

任务 2.2　零部件缝纫工艺

> **任务导读**
>
> 　　本任务内容是服装初学者学习缝制工艺的基础,以服装上的几个主要零部件为基础,讲解了服装零部件衬衫领的款式说明、成品规格、质量要求和工艺流程,并运用具体实例生动形象地阐述了服装各部件的操作方法及完成效果。

2.2.1　衬衫领制作

实训课程	零部件缝制工艺	实训地点	
实训内容	衬衫领缝制工艺	实训日期	
实训目的与要求	1. 了解衬衫领在服装上的运用及部件的结构与特点。 2. 掌握衬衫领的缝制、熨烫工艺及技巧与要领。 3. 熟悉衬衫领的质量要求和标准。		
实训设备			
实训小结			

▷ 款式说明

衬衫领由上领和下领组成,是衬衫专有的领型。常见的衬衫领有小方领、圆角领、敞角领、长尖领等,也经常出现在连衣裙、风衣等上装上。本节主要是标准领型,如图 2-42 所示。

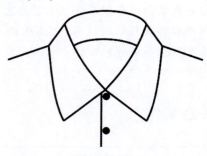

图 2-42

▷ 成品规格

衬衫领(单位:cm)成品规格如图 2-43 所示。

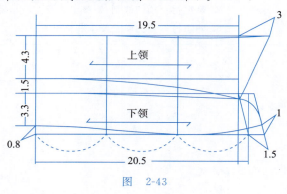

图 2-43

✂ 技术要求

(1) 领头平整服帖,两边长短一致,并有窝服。
(2) 领面无起皱,缉领止口,宽窄一致,无起涟。
(3) 成品整洁,无极光污渍。

1. 衬衫领的裁片及数量

男衬衫面料的裁片规格及数量如图 2-44 所示。

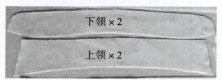

图 2-44

2. 衬衫领的缝制工艺操作步骤

1) 做领

(1) 做翻领步骤如下。

修剪领角两侧各 0.2cm,修好后要对称,如图 2-45(a)所示。

缉翻领:领面与领里正面相叠,沿毛缝缉线 0.8cm,缉线时领里拉紧,领面略松,领角部位要有里外匀窝势,如图 2-45(b)所示。

折转缝头:缝头修齐,领角修剪留缝头 0.2cm,如图 2-45(c)所示;折转熨烫领口缝边,如图 2-45(d)所示。

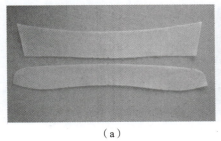
(a)

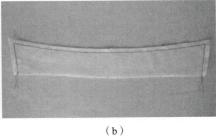
(b)

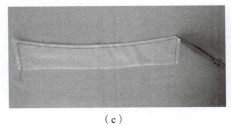
(c)

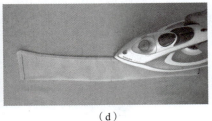
(d)

图 2-45

翻转翻领:用镊子捏住领角翻出,翻转后在领里面烫里外匀,不要出现反吐现象,烫平,两侧角对称,如图 2-46(a)所示。

缉翻领止口:缉 0.6～0.7cm 止口线,再整理领角,要求领角对称,如图 2-46(b)所示。修剪翻领上下。

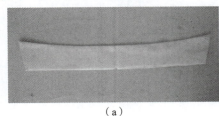
(a)

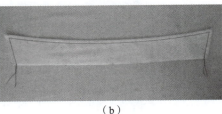
(b)

图 2-46

(2) 做底领步骤如下。

缉底领下口线:沿底领衬下口,折烫 0.8cm 缝头,如图 2-47(a)所示;正面缉缝 0.7cm 固定线,并在上口做好翻领刀眼和中心刀眼,如

图 2-47(b)所示。

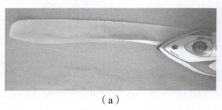
(a)

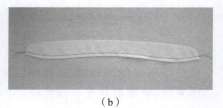
(b)

图 2-47

缝合翻领和底领：底领领面和领里正面相叠，中间夹入翻领三层，如图 2-48(a)所示；刀眼分别对准，沿底领缉线，如图 2-48(b)所示。

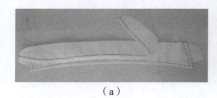
(a)

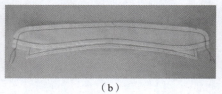
(b)

图 2-48

修剪两端圆头剩 0.3cm，如图 2-49(a)所示；圆头要圆顺，止口不反吐，线头要平整服帖，如图 2-49(b)所示；翻烫底领，烫平，如图 2-49(c)所示。

2) 检验、整烫

各条缝线、折边处要熨烫平整、压实。从正面熨烫时要垫上烫布，以免损伤布料或烫出极光。

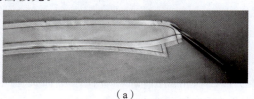
(a)

(b)

(c)

图 2-49

实训作业

1. 简述衬衫领的制作过程。

2. 如何做好衬衫领的压明线及转角的缝制工艺？

3. 按工艺流程制作2个衬衫领。

2.2.2 袖衩制作

实训课程	零部件缝制工艺		实训地点	
实训内容	袖衩缝制工艺		实训日期	
实训目的与要求	1. 了解袖衩在服装上的运用及部件的结构与特点。 2. 掌握袖衩的缝制、熨烫工艺及技巧与要领。 3. 熟悉袖衩的质量要求和标准。			
实训设备				
实训小结				

▷ 款式说明

袖衩是指衬衫上袖口部位的开衩,分平袖衩和箭头袖衩。袖衩具有功能性作用,同时也有美观装饰作用。衬衫款式不同,袖衩的形状长短也不同。本小节主要是箭头袖衩,如图 2-50 所示。

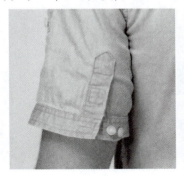
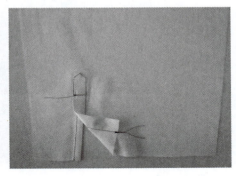

图 2-50

▷ 成品规格

袖衩(单位:cm)成品规格如图 2-51 所示。

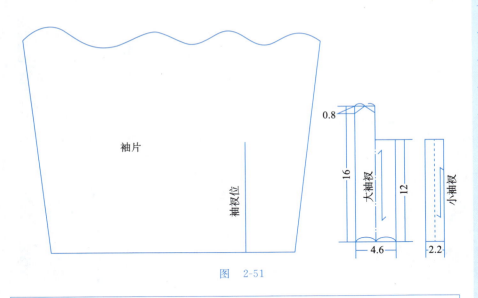

图 2-51

✂ 技术要求

(1) 左右袖衩平整服帖,无裥、无毛出。
(2) 左右袖衩大小宽窄一致,明止口线顺直。
(3) 成品整洁,无极光污渍。

1. 袖衩的裁片规格及数量

袖衩裁片规格及数量如图 2-52 所示。

实训记录

实训记录

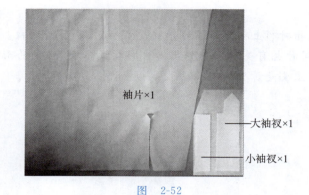

图 2-52

2. 袖衩的缝制工艺操作步骤

1) 做、装袖衩

（1）做袖衩。扣烫门里襟袖衩：在装袖衩时多采用夹缉的方法，为保证上下两层缉匀、缉牢，在熨烫时可先将上层缝份折烫，再折宽度，将下层折好缝份后再上层熨烫，如图 2-53 所示。

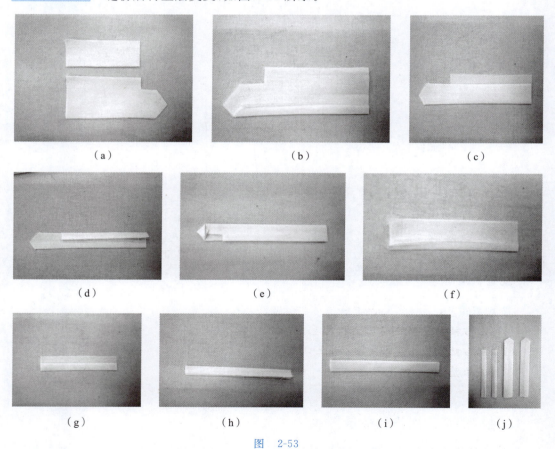

图 2-53

(2) 装袖衩。将袖衩口中间剪开,并剪一个三角,将三角熨烫袖片正面上止口,熨平,如图2-54(a)所示。

缉里襟袖衩明止口:将里襟袖衩放在两线剪开的后袖片上,里襟袖衩夹住袖片,正面朝上,缉压0.1cm明线,如图2-54(b)所示。

缉门襟袖衩明止口:将门襟袖衩放在两线剪开的前袖片上,门襟袖衩夹住袖片,正面朝上,缉压0.1cm明线,如图2-54(c)所示。

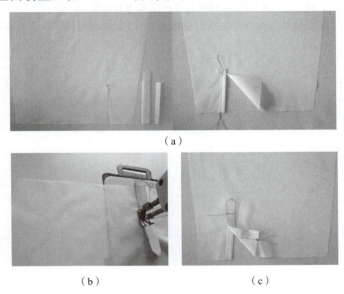

(a)

(b)　　　　　　　　(c)

图 2-54

2) 检验、整烫

各条缝线、折边处要熨烫平整、压实。从正面熨烫时要垫上烫布,以免损伤布料或烫出极光。

实训作业

1. 简述袖衩的制作过程。

2. 如何做好袖衩的压明线及转角的缝制工艺?

3. 按工艺流程制作2个左右对称的袖衩。

实训记录

2.2.3 门里襟制作

实训课程	服装缝制工艺	实训地点	
实训内容	门里襟制作	实训日期	
实训目的与要求	1. 了解衬衫门襟的结构与特点及质量要求和标准。 2. 掌握衬衫门襟裁片方法及制作工艺,门里襟的缝制质量达到等级考试的标准。		
实训设备			
实训小结			

第 2 章 服装工艺的演练与实践

▷ 部件说明

门里襟也叫叠门,是指前身如衣服或裤子、裙子朝前正中的开襟或开缝、开衩开襟处两片叠在一起的部分。其中钉纽扣的一边称里襟;门襟作为服装的"门面",设计得恰当,可为款式增添不少的美感,如图 2-55 所示。

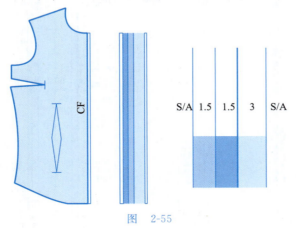

图 2-55

▷ 成品规格

成品规格(单位:cm)如图 2-56 所示。

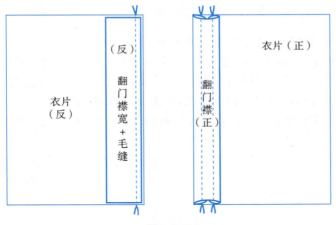

图 2-56

✂ 技术要求

(1) 门襟宽度符合规格尺寸。
(2) 装领处门襟上口平直,无歪斜。
(3) 门襟长短一致,宽窄一致。
(4) 根据里襟净样板确定里襟宽窄是否精确、符合标准。

1. 门里襟裁片规格及数量

门里襟的裁片规格(单位:cm)及数量如图 2-57 所示。

实训记录

41

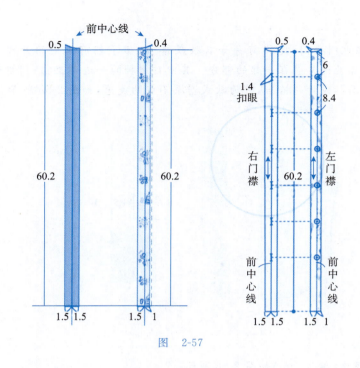

图 2-57

2. 门里襟的缝制工艺操作步骤

门里襟的缝制工艺的制作步骤如下。

（1）缉线翻门襟（左门襟）。将左衣片和门襟正方相对，缉线 0.8cm 缝份，如图 2-58（a）所示；熨烫门襟里外匀，如图 2-58（b）所示；扣熨门襟缝边，如图 2-58（c）所示；再缉压门襟明线，如图 2-58（d）所示。

（2）折烫里襟止口。将右衣片反面朝上，折烫里襟止口，缉线 0.1cm 明线，如图 2-58（e）所示。

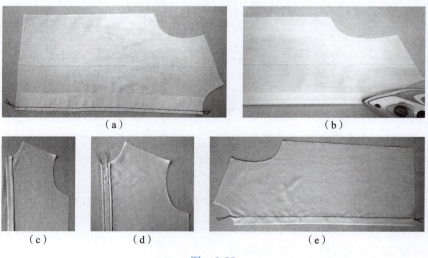

图 2-58

实训作业

1. 巩固并实践操作衬衫门襟的工艺制作。

2. 根据收集的不同造型的衬衫门襟资料,选择变化门襟款式,尝试裁剪扣烫及工艺制作。

2.2.4 腰头制作

实训课程	服装缝制工艺	实训地点	
实训内容	腰头制作	实训日期	
实训目的与要求	1. 了解腰头在女裤上的位置。 2. 熟悉腰头缝制工艺流程。 3. 掌握腰头缝制要领。		
实训设备			
实训小结			

▷ 款式说明

此款女裤腰头,腰为弧形,串带袢 5 根,如图 2-59 所示。

图 2-59

✂ 技术要求

(1) 符合成品规格。
(2) 做、装腰头顺直,串带袢整齐,无歪斜,左右对称。

裤腰的缝制工艺操作步骤如下。

1) 做腰、做串带袢和腰头

(1) 烫腰。熨烫时不宜拉紧。烫无纺衬时要烫到衬上的胶粒完全熔化,使衬与面料完全粘合,无气泡,熨烫时注意时间、温度与压力的相互配合。

(2) 做串带袢。将串带袢正面对折毛边处缝份 0.3cm,再折转到正面,之后熨烫,两边可压 0.1cm 明线,如图 2-60 所示。

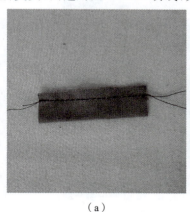
(a)

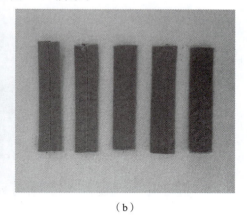
(b)

图 2-60

(3) 装串带袢。确定位置:从左到右,第一根串带袢位于前裆上,第二根位于前片侧缝止口上,第三根位于后缝居中,后三根与左面位置对称,如图 2-61(a) 所示。

装串带袢:串带袢上口与腰口平齐,向下 1.5cm 来回缉线 4 或 5 道,将其封牢,如图 2-61(b) 所示。

实训记录

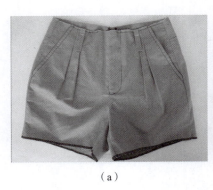 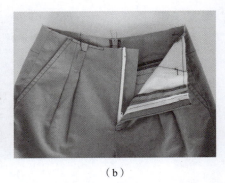

（a） （b）

图 2-61

2）做腰、装腰

（1）做腰。将腰面与腰里正正相对，弧形的这边缝份 0.8cm，修剪腰部上口留 0.6cm，要求弧形对齐，如图 2-62(a)所示；翻转腰带弧形，缝份倒向腰里正面压线 0.15cm 明线，如图 2-62(b)所示；翻转腰面下口折烫 1cm，如图 2-62(c)所示。

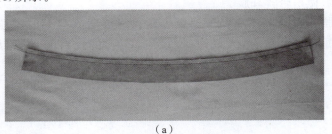

（a）

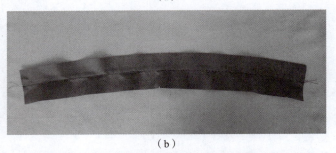

（b）

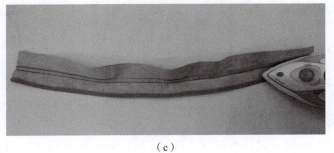

（c）

图 2-62

(2)装腰。腰里对准裤腰口位置,腰头在上,裤身在下,正面相叠,缝头对齐,从里襟开始向门襟方向,沿腰里边缉线。注意在腰口暗裆处向上提拉,使暗裆下口拼拢,防止豁开,腰头可略紧些,以防还口,如图2-63(a)所示。装上腰后,腰面、腰里正面相叠,两头封口,修剪两端的直角,如图2-63(b)所示。再翻转、熨烫腰头,注意里外匀、角方正,如图2-63(c)所示。

(a)　　　　　　　　　(b)　　　　　　　　　(c)

图 2-63

(3)压明线。从门襟开始向里襟缝制,腰面缝份压0.15cm明线,下层夹里稍拉紧,面用镊子稍推送,防止产生涟形,不可将腰面缉牢,反面腰里余势顺直。腰头压缉好后,正面盖上布,喷水烫平,腰带不可扭曲,腰面盖住腰线0.1cm,如图2-64所示。

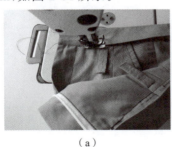 

(a)　　　　　　　　　(b)

图 2-64

(4)固定串带袢。将串带袢翻上,上端折转0.8cm缝份,放正后,距腰口0.1cm处压线固定,不可歪斜,如图2-65所示。

(a)　　　　　　　　　(b)

图 2-65

3)完成、整烫

完成、整烫,如图2-66所示。

实训记录

图 2-66

实训作业

1. 简述腰头的制作过程。

2. 按工艺流程制作1个装腰。

任务 2.3　拉链缝纫工艺

> **任务导读**
>
> 本任务内容是服装初学者学习缝制工艺的基础,以服装上的几个主要零部件为基础,讲解了服装零部件门襟拉链的款式说明、成品规格、质量要求和工艺流程,并运用具体实例生动形象地阐述了服装各部件的操作方法及完成效果。

2.3.1　拉链制作

实训课程	服装缝制工艺	实训地点	
实训内容	拉链制作	实训日期	
实训目的与要求	1. 了解门襟拉链在服装上的运用及各部件的结构与特点。 2. 掌握门襟拉链的缝制、熨烫工艺技巧,掌握门襟拉链平服的技巧和要领。		
实训设备			
实训小结			

实训记录

▷ 部件说明

所谓门襟是指衣物在人体中线锁扣眼部位。但日常生活中所说的门襟,专指裤装或一些裙装的门襟,也就是在裤子(裙子)的前面到前裆部开个衩,然后装上拉链或纽扣,如图 2-67 所示。

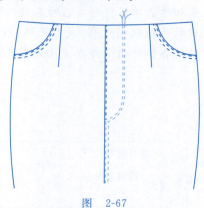

图 2-67

▷ 成品规格

成品规格如图 2-68 所示。

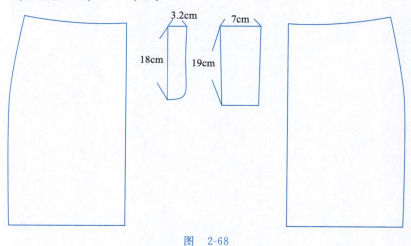

图 2-68

✂ 技术要求

(1) 门襟拉链平服、不起涟。
(2) 拉链不外漏。
(3) 门襟装饰线圆顺。

1. 拉链的裁片规格及数量

拉链的裁片规格(单位:cm)及数量如图 2-69 所示。

图 2-69

(1) 面料类:裙前片 2 片,门襟 1 片,里襟 1 片。
(2) 辅料类:无纺衬。
(3) 其他:拉链一条。

2. 拉链的缝制工艺操作步骤

1) 准备裁片

烫衬、锁边:将门襟和里襟反面朝上,熨烫无纺衬,把前裙片,门里襟锁边,如图 2-70 所示。

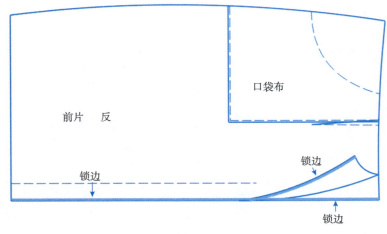

图 2-70

2) 装里襟

将里襟和拉链固定,要求里襟的背面锁边,针迹应为正面;拉链的净长应比开衩部位短 3cm,拉链的上封口应低于腰口毛边 1.5cm;下封口应高于开衩缝止点 1.5cm。将里襟装在裙片开衩位置的右侧上。要求裙片与里襟

实训记录

实训记录

松紧一致,缝边距齿边 0.3cm,缉线宽度 0.1cm。

明线压缉至开衩缝止口,如图 2-71 所示。

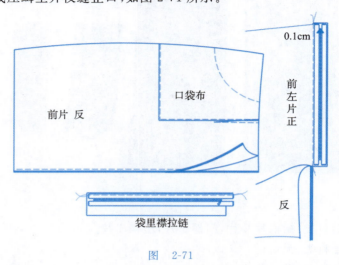

图 2-71

3) 装门襟

装门襟贴边,前中缝打剪口:将锁边后的门襟贴边合缝装在裙片开衩位置的左侧上,注意装门襟贴边的缝线应与裙片前中缝拼合缝线顺畅连接。掀开里襟下端,在里襟侧的前中缝上打一剪口,这样可使剪口上下的缝边倒向一致。打完剪口后,将剪口下方的前中缝向左折倒,再将掀起的里襟下端盖住剪口,以便下一步压缉前中缝,如图 2-72 所示。

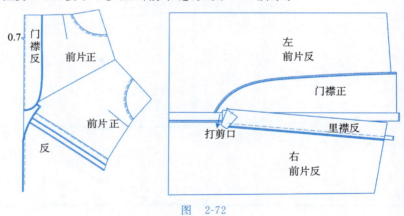

图 2-72

4) 压明线

预留较长的底面线线头,从开衩缝止点,压缉明线至腰口,然后将预留的线头引到反面打结;从底摆压缉明线至开衩缝止点。要求正好与上一段明线对接,同样预留较长线头并引到原面打结,使得前中线表面没有接线痕迹;缉线宽 0.15cm,如图 2-73 所示。

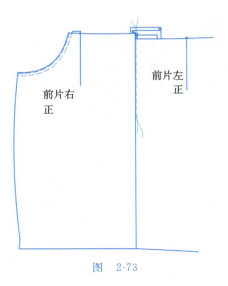

图 2-73

5）缝合拉链与门襟

将拉链的另一侧按要求与门襟贴边双线缝合。拉链上端比下端偏进约0.7cm，是为了拉链闭合后，门襟能盖住拉链头，如图 2-74 所示。

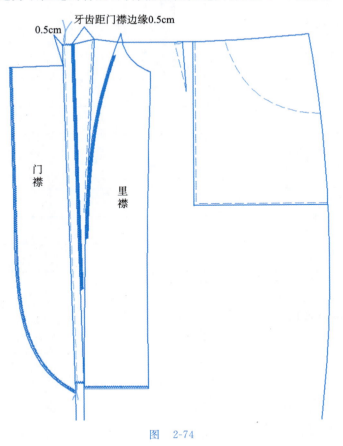

图 2-74

6）缉前中双明线

压缉前中双线，门襟双线及门襟封口加固：距门襟边缘 3cm 做一条弯刀线，压缉线将门襟贴边与裙片缝合，从腰止口缝止到门襟，开衩止口，在从开衩止口前中向下摆缝制 0.1cm 单线，在已压缉 0.1cm 基础线上再加压一条 0.6cm 明线（俗称双明线），如图 2-75 所示。

图 2-75

实训作业

1. 简述门襟拉链的制作过程。

2. 如何做好门襟拉链平服、不起涟？

3. 按工艺流程制作 2 个门襟拉链。

2.3.2　隐形拉链制作

实训课程	服装缝制工艺	实训地点	
实训内容	隐形拉链制作	实训日期	
实训目的与要求	1. 了解隐形拉链在服装上的运用及各部件的结构与特点。 2. 掌握隐形拉链的缝制、熨烫工艺技巧,掌握隐形拉链平服的技巧和要领。		
实训设备			
实训小结			

▷ 部件说明

隐形拉链主要应用于裙装、羽绒服、牛仔服、皮衣、高档的夹克衫、防寒服等,如图 2-76 所示。相比尼龙拉链和树脂拉链而言,隐形拉链较为坚固,成本也较高,多用于牛仔裤、外套和背包上。

图 2-76

▷ 成品规格

成品规格如图 2-77 所示。

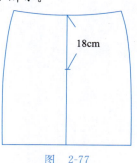

图 2-77

✂ 技术要求

(1) 拉链不外露。

(2) 左右长短松紧一致。

(3) 不起波浪。

1. 隐形拉链的裁片规格及数量

双嵌线开袋的裁片规格(单位:cm)及数量如图 2-78 所示。

图 2-78

（1）面料类：裙前片 2 片。
（2）其他：拉链一条。

2. 隐形拉链的缝制工艺操作步骤

1）整烫拉链

将拉链从内侧烫开，帮助成品效果更隐形，烫过的拉链会朝内侧倾倒，如图 2-79 所示。

图　2-79

2）装拉链

（1）定好拉链止点位置，通常要低于臀围线，方便裙子穿脱，如图 2-80 所示。

图　2-80

（2）裙片正正相对，从拉链止点位置向下缝合，缝位大小 1cm，如图 2-81 所示。

图　2-81

（3）更换单边压脚，如图所示，方便安装隐形拉链。
（4）打开拉链，拉链正面与裙片正面缝合，单边压脚边缘紧靠拉链。缝

实训记录

制拉链止点下 1cm 处，打来回针，如图 2-82 所示。

图 2-82

（5）在拉链止点位置做好另一边对位，如图 2-83 所示。

图 2-83

（6）从止点下 1cm 按照对位点进行缝合，如图 2-84 所示。

图 2-84

3）整烫检验

翻正拉链，拉上拉链，观察效果，检测是否平整，并用蒸汽进行整烫，如图 2-85 所示。

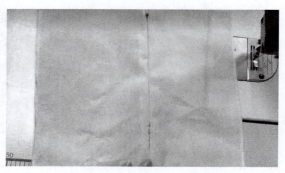

图 2-85

实训作业

1. 简述隐形拉链的制作过程。

2. 如何做好隐形拉链平服、不起波浪?

3. 按工艺流程制作 2 个隐形拉链。

第 3 章　服装工艺的拓展与提升

任务 3.1　裙装成品制作

> **任务导读**
>
> 本任务内容是服装初成品服装工艺的基础。一步裙属于紧身裙,前、后片腰口各收两个省,后中心线分割,上端装隐形拉链,下摆开衩,装腰头,绱裙里。后中腰头处装裙钩,并运用具体实例阐述服装各部件的操作方法及完成效果。

实训课程	成衣服装工艺	实训地点	
实训内容	裙装成品制作	实训日期	
实训目的与要求	1. 了解裙装的缝制工艺。 2. 掌握前、后片腰口各收两个省,后中心线分割,上端装隐形拉链,下摆开衩,装腰头的技巧和要领。		
实训设备			
实训小结			

▷ 部件说明

一步裙属于紧身裙,前、后片腰口各收两个省,后中心线分割,上端装隐形拉链,下摆开衩,装腰头,绱裙里。后中腰头处装裙钩,如图3-1所示。

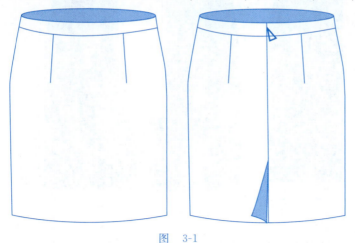

图 3-1

▷ 成品规格

成品规格(单位:cm)。

3.1.1 裙装裁片规格及数量

(1)面料类:前片、后片、腰、放缝,如图3-2所示。

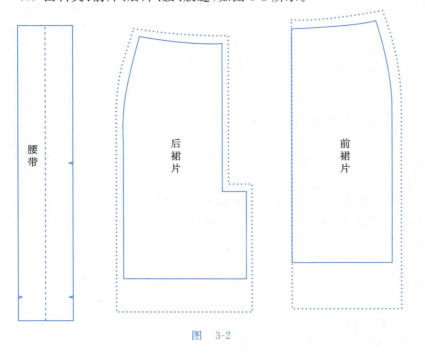

图 3-2

实训记录

(2) 里料类:前片、后片,如图 3-3 所示。

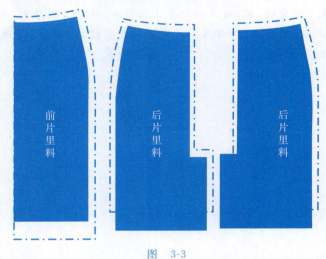

图 3-3

(3) 衬类:腰粘合衬,衩位粘合衬,如图 3-4 所示。

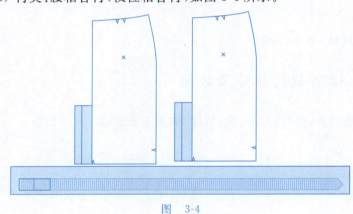

图 3-4

(4) 其他:隐形拉链、裙扣、缝纫线。

3.1.2 一步裙缝制工艺流程

一步裙缝制工艺流程为:检查裁片—做缝制标记—锁边—缉腰省缉后中心缝—装隐形拉链—做开衩—缉烫侧缝烫缉下摆—装腰—手工—整烫—检验。

3.1.3 一步裙的缝制方法

1) 检查裁片
检查裁片是否正确,是否配齐。

(1) 面料类：前片(1片)、后片(2片)、腰(1片)，如图3-5所示。

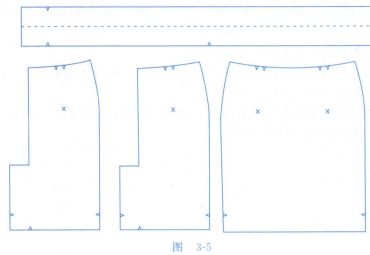

图 3-5

(2) 里料类：前片(1片)、后片(2片)，如图3-6所示。

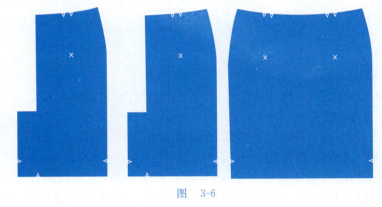

图 3-6

(3) 衬料类：腰面粘合衬(1片)、开衩部位粘衬(2片)，如图3-7所示。

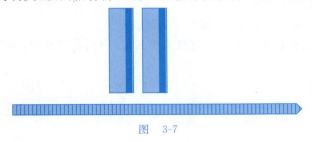

图 3-7

(4) 其他：隐形拉链1条、裙钩1套、缝纫线。

注意：裁剪腰衬时，腰衬宽2.3～2.4cm，做好的裙子成品，腰宽2.5cm。腰衬裁剪长度＝腰围长＋2(叠门宽)，面料腰为直丝缕，裁剪腰面料长度＝腰围＋2(叠门宽)＋2(2个缝份)，腰宽＝1.5×2＋2(2个缝位)＝7(cm)。

工艺要求：主、副片齐全；规格正确；各部件无残、无疵点、无色差。

实训记录

2)做缝制标记

根据不同部位的需要,选择画粉线、剪刀眼等方法做缝制标记,如图3-8所示。

(1)前片:省位、下摆贴边刀眼。

(2)后片:省位、拉链长度位刀眼、下摆贴边刀眼。下摆处衩位刀眼。

(3)腰:后中点刀眼、叠门刀眼。

工艺要求:刀眼不能太大,一般刀眼大小及深浅控制在0.5cm以内,左、右片的缝制标记对称无错位。

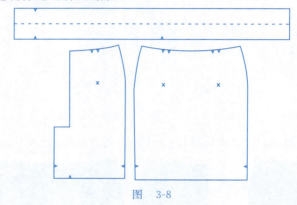

图 3-8

3)锁边

(1)前后裙片:面料除腰口外,其余三边都拷边,正面朝上。

(2)腰:做腰里的一边下口拷边。

工艺要求:锁边部位面料的反、正面要正确,锁边顺直无变形。

4)收省(面料、里料)

(1)缉省:按做好的缝制记号,从腰口往下缉线,上端打回针,下端留3~4cm线头,打紧结。再把线头剪为0.1cm长。里料缉裥,如图3-9所示。

注意:面料(或里料)的上下松紧一致,省位缉准,省头要尖,左、右省长短及位置一致。

(2)烫省:从省口烫起,省缝到中心线。

工艺要求:省长11~13cm,省缝大小长短一致,省要缉尖,缉线顺直,省尖平服。

图 3-9

5）缝合后中缝并扣烫开衩

（1）缝合面料部分后中缝。后中心线的上端要留出拉链的长度，注意拉链长 19～21cm 的位置。将右后裙片面的正面与左后片面的正面相对，丝缕摆正放平，从拉链长度位刀眼到衩位，沿后中心净线进行缉线，然后将缉线处的后中缝烫分缝（这一步也可以在装好拉链后再进行），如图 3-10 所示。

注意：缉线要顺直，无吃势；分烫时缝份要烫煞、烫平。

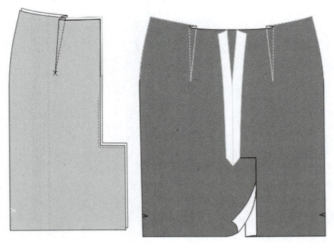

图 3-10

（2）缝合里料部分后中缝。夹里按后中净样线车缉至开衩上口，将里料后中缝坐势朝门襟一边烫坐倒缝，如图 3-11 所示。

注意：缉线要顺直，无吃势。工艺要求：缉后中缝时，要求缉线顺直，上层与下层裙片松紧适宜，无吃势。

图 3-11

3.1.4　装隐形拉链

装隐形拉链需用专用压脚或单边压脚进行操作。裙后片面料的正面朝上面,拉链的正面与面料的正面相对,先在左边从上往下缉线,右边从下往上缉线,如图 3-12 所示。

图 3-12

具体操作方法如下。

粘衬:在装拉链的贴边部位后面贴上粘衬,衬比开门止点向下 1cm(也可以不烫衬)。

固定拉链:将隐形拉链反面向上放在后裙片贴边上,用五挡针距将拉链固定在左右后片上,并将拉链拉开。

车缉拉链:拉链头拉到开门止点以下,拉链齿边沿裙片开门止口烫迹放齐,翻开拉链卷曲的齿,用专用压脚沿齿边缉线,使之与裙片缉合,并缉到开门止点以下 1.5cm 左右,将拉链固定到贴边上。

检查:检查拉链缉线是否到位。如果缉线没有到位,要将固定拉链的 0.1cm 止口缉线调整好,将拉链头拉上,装拉链完成。

注意:拉链两边不能缉错,位缉线要到位,不能离齿太远,也不能将拉链齿缝住。太远会造成隐形拉链外露,否则拉链会拉不动。

左右裙片与拉链的松紧要适宜,否则会造成拉链或裙片起褶,严重的会有皱褶。

工艺要求:拉链不外露,左右长短松紧一致,不起涟形。

3.1.5　做开衩

开衩要点:做里料下贴边宽 2cm,按刀眼折转。缝合面料与里料的门里襟,按刀眼对位。烫门里襟止口,封三角。

烫后片面料底边:在后裙片面的反面,按底边刀眼先扣烫门襟下摆贴边,在烫里料、下摆时,按 2cm 折转烫门里襟,下摆要求门、里襟长度一致。

烫衩门里襟：开衩点打剪口，开衩处两边也把缝头扣转烫平，开衩为右压左的处理形式；夹里的缝份向一边坐倒，为防止门襟还口，可沿贴边线粘牵带一根，如图3-13所示。

图 3-13

注意：缉线部位松紧一致，裙衩、门襟与后中缝保持顺直。

左后中缝也可在装好拉链后再缝合。

工艺要求：开衩倒向要正确，门、里襟止口顺直，长短一致，裙衩门襟止口与后中缝在同一直线上。

缉后片里料底边贴边：里料下摆按刀眼烫净宽2cm的贴边，缉0.1cm止口线，左右两边从开衩往侧缝隙方向各缉线30cm，如图3-14所示。

图 3-14

注意：里料贴边缉线不能缉到侧缝，否则会影响里料的前后片侧缝的缝合。左右两片长短一致，缉线位置无错位。下摆贴边宽窄相同。

工艺要求：里料、门襟长短一致，贴边无宽窄且平服。

缝合里襟：将里襟夹里正面与面料正面相对，里料开衩底边止口与距离面料下摆2cm位置处对齐，面料底边按折边线翻转，按1cm缝份缉合。

注意：缉线顺直、到位；面里无吃势。

工艺要求：里襟面、里料都平服，止口顺直。

实训记录

做门襟:剪门襟开衩:里布开衩位置烫平画三角形(三角形的大小与门襟大小一致),沿三角剪开。开三角时,注意底边面料是否有重叠。剪口要刚好到位。

剪开衩处门襟:门襟开衩下角处的多余量修剪掉,剪掉多余的夹里(三角处留 1cm 毛缝)。

缝合门襟:将门襟夹里正面与面料正面相对,里料开衩底边止口与距离面料下摆 2cm 位置处对齐,面料底边按折边线翻转,按 1cm 缝份绱合,绱线顺直。

封三角:里布正面开衩止点与裙右边的面料上的开衩止点,正面相对好,横向车缝,三角回车固定,如图 3-15 所示。

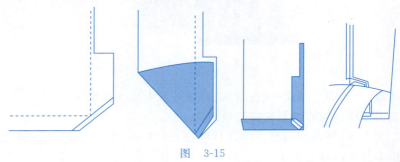

图 3-15

缝合夹里与拉链:里料正面与拉链正面相对,摆放整齐。在拉链的左右两侧反面沿边车缝 1cm 止口线,固定里子和拉链。

注意:各绱线部位面料及里料的松紧一致、平服。

工艺要求:开衩处平服,门、里襟长短保持一致(或门襟长于里襟 0.1cm),顺直且止口不露吐,面里松紧合适。

3.1.6 绱、烫侧缝

缝合侧缝:校对面料及里料的摆缝,将前、后裙片面料正面与正面相对,里料正面相对,将面料前、后片及里料前、后片的摆缝分别对齐进行缝绱,绱 1cm 平缝,如图 3-16 所示。

注意:绱线顺直,前后片及面与里松紧一致。

图 3-16

烫侧缝分缝熨烫,里料烫坐倒缝(缝份靠后片坐倒)。

工艺要求:摆缝顺直左右对称,前后片及面与里松紧一致,两端来回车固定,左右摆缝长短相同;面里料侧缝烫平服。

3.1.7 烫、缉下摆

烫、缉里料下摆:按下摆贴边刀眼扣烫里料下摆,净宽2cm,将里子下摆车缉0.1cm止口线,如图3-17所示。

注意:贴边宽窄一致,缝对缝且无起涟,平服,松紧一致。

图 3-17

烫面料下摆:按下摆贴边刀眼扣烫,保持贴边宽窄一致且缝对缝,下摆流畅,下摆处后中比前中短1cm,与拆型相符,为手工做好准备。如图3-18所示。

图 3-18

工艺要求:面料与里料的底边顺直流畅,平服,不松不紧,贴边宽窄一致,宽窄互差不超过0.2cm。烫好下摆后,腰口处后中比前中短1cm与板型相符。里布缝住贴边0.5~1cm,里布贴边无宽窄,里布缉线到位顺直,无起涟现象。

3.1.8 装腰

腰衬:将腰衬烫粘在腰面的方面(边缘往里1cm处)。

扣转腰面下口:腰面下口缝头沿腰衬扣转包紧,并烫平,如图3-19所示。

服装工艺制作

实训记录

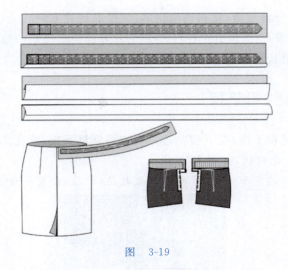

图 3-19

实训作业

1. 简述一步裙的制作过程。

2. 如何做好一步裙的腰头平服？

3. 按照工艺流程制作一条一步裙。

任务 3.2　裤装成品制作

> **任务导读**
>
> 本任务内容是服装初成品服装工艺的基础。此款女西短裤是典型的裤类,前门襟开口拉链,侧缝斜袋装腰头,前片反裥左右各两个,后裤片挖单嵌线口袋,后裤片拼后育克,并运用具体实例阐述服装各部位的操作方法及完成效果。

实训课程	服装成品缝制工艺	实训地点	
实训内容	女西短裤缝制工艺	实训日期	
实训目的与要求	1. 了解女西短裤的款式特点、成品规格、样板结构。 2. 熟悉女西短裤的裁片数量和缝制工艺流程。 3. 熟悉女西短裤的质量要求和标准。 4. 掌握女西短裤门里襟和拉链的缝制要领。		
实训设备			
实训小结			

▷ **款式说明**

此款女西短裤是典型的裤类,裤长在腿根至膝的 1/2 处左右,前门襟开口拉链,侧缝斜袋装腰头,串带袢 5 根,前片反裥左右各两个,后裤片挖单嵌线口袋,后裤片拼后育克、平脚口边,如图 3-20 所示。

正面

反面

图 3-20

实训记录

实训记录

▷ 成品规格

女西短裤成品规格如表 3-1 所示。

表 3-1 女西短裤成品规格 单位:cm

号型	部位	裤长	腰围	臀围	臀长	腰宽
160/66A	规格	45	68	94	18	2.5

✂ 技术要求

(1) 符合成品规格。
(2) 外形美观,内外无线头。
(3) 门里襟缉线顺直、长短一致,封口处无起吊。
(4) 做、装腰头顺直,串带襻整齐,无歪斜,左右对称。
(5) 侧袋和后袋袋口平整服帖,后袋四角方正,袋角无祠、无毛出。
(6) 整烫符合要求,烫煞无极光。

3.2.1 女西短裤的裁片及辅料

女西短裤的工业样板如图 3-21 所示。

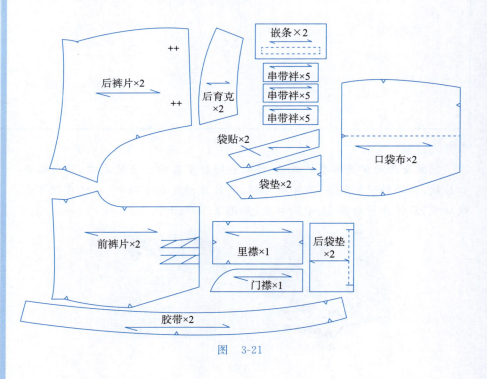

图 3-21

女西短裤的面料排料如图 3-22 所示。

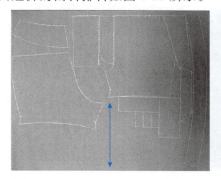

图 3-22

女西短裤的裁片及辅料如图 3-23 所示。

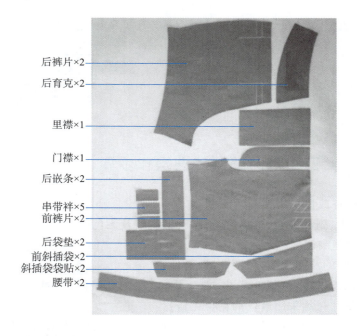

后裤片×2
后育克×2
里襟×1
门襟×1
后嵌条×2
串带袢×5
前裤片×2
后袋垫×2
前斜插袋×2
斜插袋袋贴×2
腰带×2

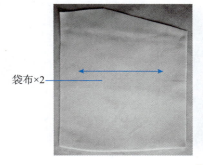
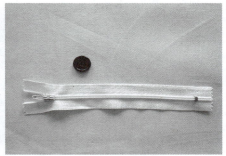

袋布×2

图 3-23

3.2.2 女西短裤的缝制工艺流程

女西短裤的缝制工艺流程如图 3-24 所示。

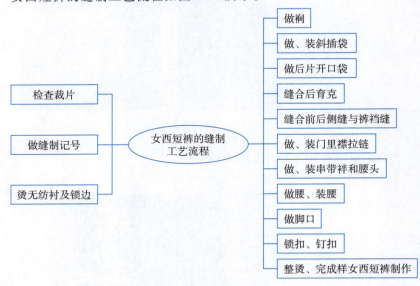

图 3-24

3.2.3 女西短裤的缝制工艺操作步骤

1）检查裁片

要求主、副片齐全，各部位无残、无瑕疵点及无色差。

2）做缝制记号

剪衬时的注意事项，如图 3-25（a）所示。

腰带、门里襟、前斜插袋垫、前片袋位、前斜插袋贴、后裤片袋位、后嵌条、后袋垫片衬均采用真丝的粘合无纺衬。

打刀眼的位置：按样板在前裤片裆位、袋位、斜插位、脚口位、腰带（包括领衬），如图 3-25（b）所示。

（a）

图 3-25

（b）

图 3-25（续）

3）烫无纺衬及锁边

烫腰带、门里襟、前斜插袋垫，如图 3-26（a）所示。前斜插袋贴、前裤片袋位、后裤片袋位、后嵌条、后袋垫片反面与无纺衬粘合，熨烫时不宜拉紧。烫无纺衬时要烫到衬上的胶粒完全熔化，使衬与面料完全粘合，无气泡，熨烫时注意时间、温度与压力的相互配合，如图 3-26（b）所示。

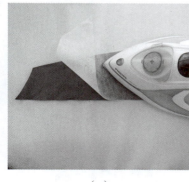
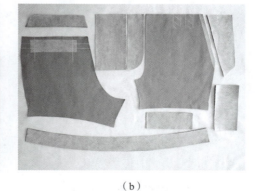

（a）　　　　　　　　　　（b）

图 3-26

锁边：门襟弯刀一边锁边、里襟对折一边。前斜插袋垫、前斜插袋斜的一边锁边，如图 3-27（a）所示；后袋垫一边锁边，如图 3-27（b）所示。

注意：此步骤要求粘衬牢固，所有部件左右长短一致、对称、不变形。

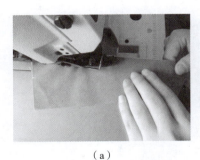
(a)

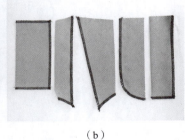
(b)

图 3-27

注意：锁边处无弯斜。

4）做裆

将裆正正相对，大小、长短、位置要缉准确，如图 3-28（a）所示。

裆缝要缉顺，裆根缉来回针，如图 3-28（b）所示。

经熨烫缝份后侧缝倒，如图 3-28（c）所示。

注意：缉线松紧一致、裆位准确，左右裆长度一致。熨烫时熨斗温度不宜过高，不可烫黄。

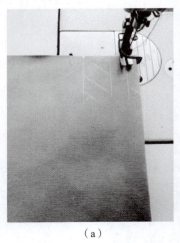
(a)

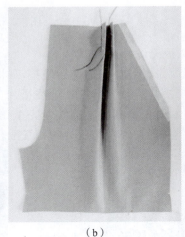
(b)

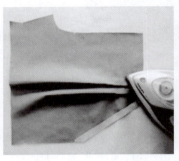

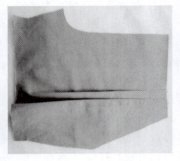
(c)

图 3-28

5）做、装斜插袋

（1）缉合侧缝贴袋。将裤片正面朝上，袋贴正面对应裤片，缉线，如图3-29（a）所示；袋布反面朝上，三重斜边对齐，缉合缝份0.8cm，如图3-29（b）所示。

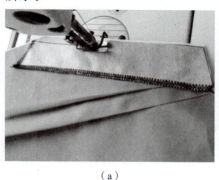
（a）

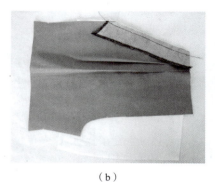
（b）

图 3-29

（2）缉袋贴与袋垫。将袋贴正面朝上与袋布反面侧缝边对齐，沿锁边线缉线，如图3-30（a）所示；固定袋贴与袋垫，缝份0.3～0.5cm，如图3-30（b）所示。

（a）

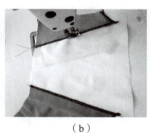
（b）

图 3-30

（3）翻转袋贴，烫吐止口。将袋贴固定在袋布上后，再翻转至反面，进行扣烫，裤片吐止口0.1cm，如图3-31所示。

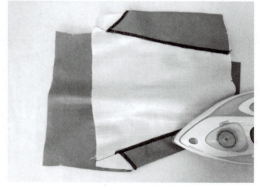

图 3-31

(4)袋口缉明线。裤片正面朝上,距袋口边 0.5cm 缉明线,如图 3-32 所示。

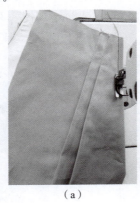 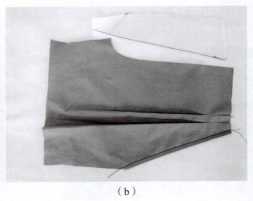

(a) (b)

图 3-32

(5)缝合袋布。将袋布正正相对,之后对折,拨开裤片,沿袋布弧线短缉线缝合,缝头 1cm,之后翻转口袋熨烫,如图 3-33(a)所示;并固定斜插袋腰口边缘如图 3-33(b)所示。

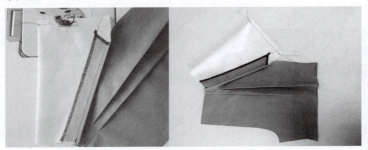

(a)

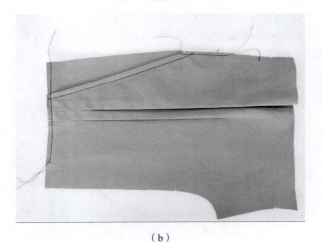

(b)

图 3-33

6) 做后片开口袋

后袋式样有单嵌线、双嵌线、一字嵌线、装袋盖与装扣袢等,但后片开口袋的工艺要求基本相同。下面以单嵌袋为例,学习后片开口袋的工艺方法。

(1) 确定袋位与粘衬。在后裤片正面,袋口线向下 1.5cm 画线,反面的相应位置已粘衬,若开一只后袋,只需在右后裤片确定,如图 3-34 所示。

图 3-34

(2) 折烫嵌条。将嵌条对折烫平后画出嵌条线宽 1.5cm,如图 3-35(a) 所示;在裤片正面画出袋位长度,袋垫反面画出口袋位(宽 1cm 的框架),如图 3-35(b) 所示。

(a)

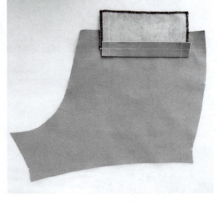
(b)

图 3-35

(3) 固定嵌条与袋垫。将烫好的嵌条摆放在袋口处,并对齐袋位。在正面按所画的袋位缝线、装袋垫,注意袋垫装在腰口方向,正面对应,按所画袋位缉线,如图 3-36 所示。

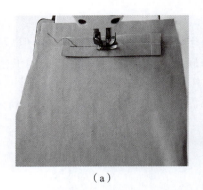 

（a）　　　　　　　　　　（b）

图　3-36

（4）剪三角。沿袋口缉线中间剪开,注意两端"Y"字形剪口位置,距离两端 0.8cm 处剪三角,不能剪断缉线,并要距缉线 0.1cm。离开太多,袋角打裥会不平,剪开太大会产生袋角出毛,如图 3-37(a)所示。

（5）封三角。嵌条和袋垫翻转到裤片反面,两侧三角来回针 3 或 4 道,回车、封三角时嵌条要放正,固定嵌条和袋垫下口(封"门"字),如图 3-37(b)所示。

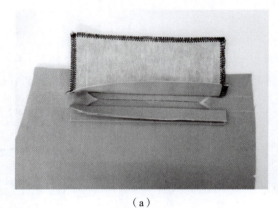

（a）

（b）

图　3-37

（6）固定、锁边。封"门"字:将裤片折起,沿口袋根部固定上下袋布,形似"门"字,将袋垫一边锁边,如图 3-38 所示。

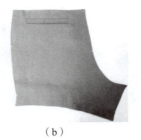

(a) (b)

图 3-38

7) 缝合后育克

缝合后育克：后育克在上，裤片在下，沿边对齐，缝份 1cm，注意上下松紧一致，如图 3-39(a)所示；将拼接线锁边，如图 3-39(b)所示；裤片正面压后育克明线 0.6cm，如图 3-39(c)所示；将前后裤片锁边，除腰口不锁边，如图 3-39(d)所示。

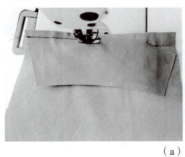

(a)

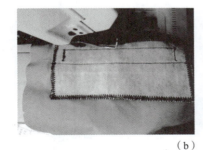
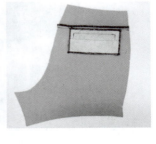

(b)

(c)

图 3-39

实训记录

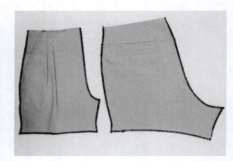

(d)

图 3-39（续）

8）缝合前后侧缝与裤裆缝

（1）缝合侧缝与内侧缝。将前后裤片正正相对，缝合侧缝与内侧缝，缝份1cm。前裤片放上，后裤片放下，脚口对齐，上下松紧一致，如图3-40（a）所示；将裤侧缝与内侧缝分缝熨开，如图3-40（b）所示。

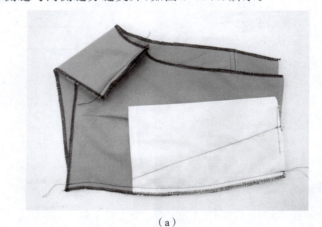

(a)

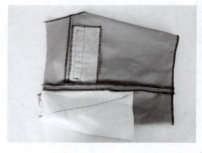
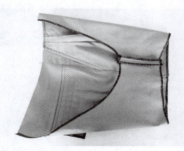

(b)

图 3-40

（2）缝合裤裆缝。前片裤片放平，脚口对齐，缝合下裆缝，缝份1cm，缝到裆底拉链止口处，翻到正面检查裆底十字缝裆是否对齐，如图3-41（a）所示；将裤侧缝与内侧缝分缝熨开，如图3-41（b）所示。

第 3 章 服装工艺的拓展与提升

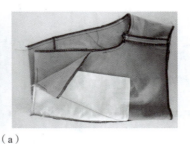

（a）

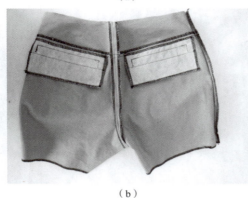

（b）

图 3-41

注意：缝合后裆缝，注意上下松紧一致，育克明线对齐，后裆缝分缝烫开。

9）做、装门里襟拉链

（1）缝制装门襟。左裤片装门襟，正面相对，从开口处开始缝合，缝份 0.8cm，缝制拉链止口处下方 0.8cm 左右，如图 3-42（a）所示；门襟压明线 0.15cm，如图 3-42（b）所示。

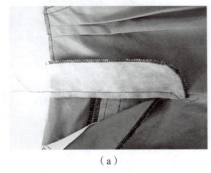
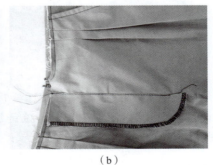

（a） （b）

图 3-42

（2）固定拉链与里襟。将拉链的左边距离锁边 0.5cm 处放平，在距拉链齿边 0.5cm 处与里襟车缝固定，如图 3-43（a）所示；右边裤片与里襟拉链拼合，里襟放在拉链下面，上端与拉链布对齐，侧边距拉链 0.5cm，放平后距边 0.8cm，车缝固定，如图 3-43（b）所示；之后右裤片拉链止口位下方 1cm 处剪口，使裤裆缝平坦，如图 3-43（c）所示；里襟压线 0.15cm. 如图 3-43（d）所示。

实训记录

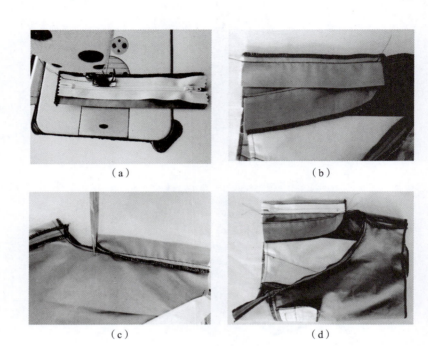

图 3-43

(3) 固定拉链与门襟。将左前裤片裆缝止口盖住右裤片0.5cm，用一枚针固定，之后翻转到反面，拉链放在门襟上面缉缝，如图3-44所示。

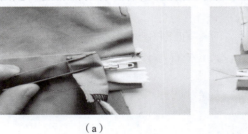

图 3-44

(4) 压门襟线。前门襟按净样板画线，再沿画粉线车缝，固定门襟布，缉明线，缉线时注意将里襟侧拉链底边布折起，明线宽为3～3.5cm，如图3-45所示。

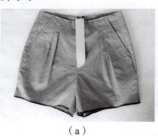 

图 3-45

10) 做、装串带袢和腰头

(1) 做串带袢。将串带袢正面对折毛边处缝份0.3cm,再折转到正面,之后熨烫,两边可压0.1cm明线,如图3-46所示。

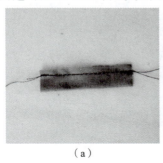 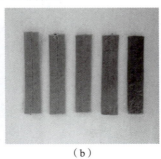

(a)　　　　　　　　　(b)

图 3-46

(2) 装串带袢。确定位置:从左到右,第一根串带袢位于前裥上,第二根位于前片侧缝止口上,第三根位于后缝居中,即第二根中间,以后三根与左面位置对称,如图3-47(a)所示。

装串带袢:串带袢上口与腰口平齐,向下1.5cm来回缉线4或5道,将其封牢,如图3-47(b)所示。

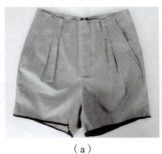 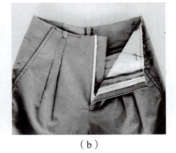

(a)　　　　　　　　　(b)

图 3-47

11) 做腰、装腰

(1) 做腰。将腰面与腰里正正相对,弧形的这边缝份0.8cm,修剪腰部上口留0.6cm,要求弧形对齐,如图3-48(a)所示;翻转腰带弧形,缝份倒向腰里正面压0.15cm明线,如图3-48(b)所示;翻转腰面下口折烫1cm,如图3-48(c)所示。

(a)

图 3-48

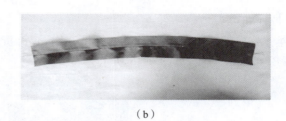

(b)

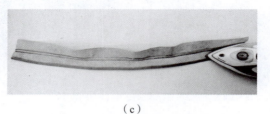

(c)

图 3-48（续）

(2) 装腰。腰里对准裤腰口位置，腰头在上，裤身在下，正面相叠，缝头对齐，从里襟开始向门襟方向，沿腰里边缉线。注意在腰口暗裆处向上提拉，使暗裆下口拼拢，防止豁开，腰头可略紧些，以防还口，如图 3-49（a）所示；装上腰后，腰面、腰里正面相叠，两头封口，修剪两端的直角，如图 3-49（b）所示；再翻转、熨烫腰头，注意里外匀、角方正，如图 3-49（c）所示。

(a)

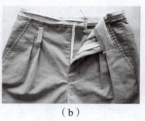
(b)

(c)

图 3-49

(3) 压明线。从门襟开始向里襟缝制，腰面缝份压 0.15cm 明线，下层夹里稍拉紧，面用镊子推送，防止产生涟形，不可将腰面缉牢，反面腰里余势顺直。腰头压缉好后，正面盖上水布，喷水烫平，腰带不可扭曲，腰面盖住腰线 0.1cm，如图 3-50 所示。

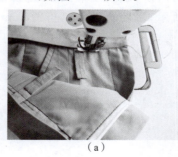
(a)

(b)

图 3-50

(4)固定串带袢。将串带袢翻上,上端折转 0.8cm 缝份,放正后,距腰口 0.1cm 处压线固定,不可歪斜,如图 3-51 所示。

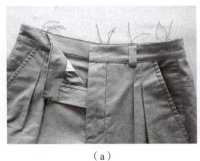 

（a）　　　　　　　　　　（b）

图 3-51

12) 做脚口

将脚口反面朝上扣烫,如图 3-52(a)所示;底边缉压装饰单明线或手缝三角针,宽度为 2cm,如图 3-52(b)所示。

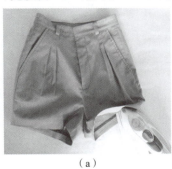 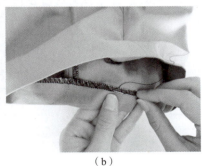

（a）　　　　　　　　　　（b）

图 3-52

13) 锁扣、钉扣、整烫

锁扣、钉扣、整烫、完成女西短裤,如图 3-53 所示。

 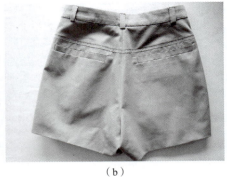

（a）　　　　　　　　　　（b）

图 3-53

实训作业

1. 简述女西短裤的制作过程。

2. 如何缝好三角缲针、做好门里襟拉链的组合？

3. 按工艺流程缝制1条女西短裤。

任务 3.3　衬衫成品制作

任务导读

本任务内容是服装初成品服装工艺的基础。此款衬衫是典型的衬衫类，普通门襟，衬衫尖角领，袖口开衩收两个裥，装圆头袖克夫。并运用具体实例阐述服装各部位的操作方法及完成效果。

实训课程	服装成品缝制工艺	实训地点	
实训内容	男衬衫缝制工艺	实训日期	
实训目的与要求	1. 了解男衬衫的款式特点、成品规格、样板结构。 2. 熟悉男衬衫的裁片数量和缝制工艺流程。 3. 熟悉男衬衫的质量要求和标准。 4. 掌握男衬衫的袖衩技巧和要领及各个部件的缝制工艺。		
实训设备			
实训小结			

实训记录

▷ 款式说明

此款男衬衫为：普通门襟、尖领角、前门襟 6 粒扣、左胸设明贴 1 个、后衣片装育克、平下摆、装袖、袖口开衩收 2 个裥、装圆头袖克夫，如图 3-54 所示。

正面

反面

图 3-54

▷ 成品规格

男衬衫成品规格如表 3-2 所示。

表 3-2 男衬衫成品规格   单位：cm

号型	部位	衣长	胸围	肩宽	领围	袖长
170/88A	规格	72	110	46	39	58.5

✂ 技术要求

（1）领头平整服帖，两边长短一致，并有窝服，领面无起皱，绱领止口，宽窄一致，无起涟。

（2）装领处门襟上口平直，无歪斜。

（3）装袖圆顺，两袖克夫圆头对称、宽窄一致，明止口线顺直，左右袖衩平整服帖，无裥、无毛出，袖口折裥均匀。

（4）门襟长短、宽窄一致。

（5）各部位整烫平整服帖，无烫黄、无污迹、无线头，明线顺直。

（6）锁眼定位准确，大小适宜，两头封口。

3.3.1 男衬衫的裁片规格及数量

男衬衫面料的裁片规格及数量如图 3-55(a)所示；无纺衬裁片及数量如图 3-55(b)所示。

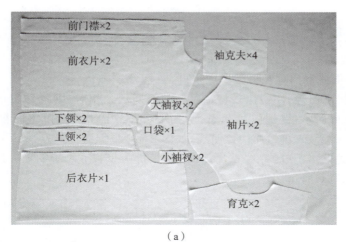

(a)

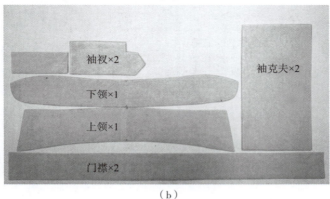

(b)

图 3-55

3.3.2 男衬衫的缝制工艺流程

男衬衫的缝制工艺流程如图 3-56 所示。

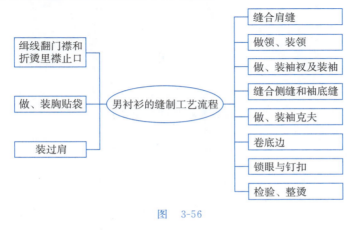

图 3-56

3.3.3 男衬衫的缝制工艺操作步骤

1) 缉线翻门襟和折烫里襟止口

缉线翻门襟（左门襟）：将左衣片和门襟正方相对，缉线 0.8cm 缝份，如图 3-57(a)所示；熨烫门襟里外匀，如图 3-57(b)所示；扣熨门襟缝边，如图 3-57(c)所示；再缉压门襟明线，如图 3-57(d)所示。

折烫里襟止口：将右衣片反面朝上，折烫里襟止口，缉线 0.1cm 明线，如图 3-57(e)所示。

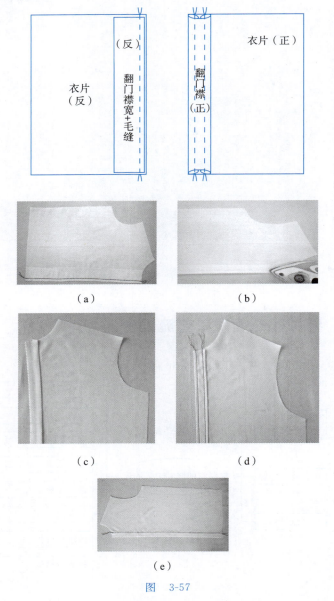

图 3-57

2) 做、装胸贴袋

袋口两边折净宽 3cm,袋口袋贴边不缉线,其余三边按净样扣光毛缝 1cm,操作步骤如图 3-58 所示。

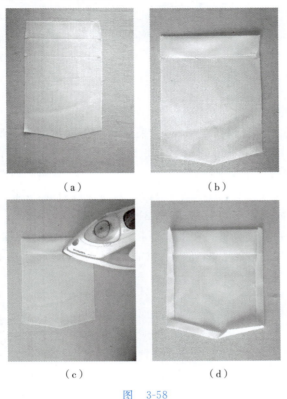

图 3-58

装胸贴袋:把贴袋放在衣片上,从左口袋起针,缉止口 0.1cm,封口袋为直角三角形处止口 0.5cm,如图 3-59 所示。

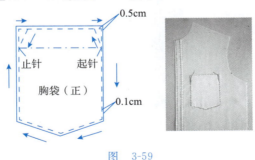

图 3-59

3) 装过肩

过肩里正面朝上放下层,后片正面朝上放中层,过肩面反面朝上放上层,三层平齐,后背中心刀眼对齐,如图 3-60(a) 所示;缉线 1cm,如图 3-60(b) 所示;熨烫过肩,如图 3-60(c) 所示。

实训记录

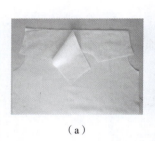 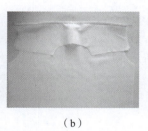 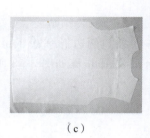

（a） （b） （c）

图 3-60

4）缝合肩缝

（1）缉肩缝。后身放在下层，过肩夹里肩缝正面与前肩缝反面相对，放齐，领口处平齐，缉线 0.8cm，如图 3-61 所示。

（2）压肩缝有以下两种方法。

方法一：将衣身正面朝上摊平，熨烫过肩面盖过肩缝，领正平齐，压缉明止口 0.1cm，过肩面里平整服帖，如图 3-62 所示。

方法二：把后片过肩里夹在前衣片和过肩面之间，将过肩面与前衣片扭转正面相对，肩部缉线 1cm，如图 3-63（a）所示；压缉明止口 0.1cm，过肩面里平整服帖，如图 3-63（b）所示。

图 3-61　　　　　　　　图 3-62

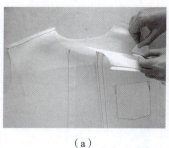 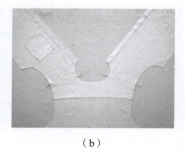

（a）　　　　　　　　（b）

图 3-63

5）做领、装领

（1）做翻领。修剪领里、领角两侧各修 0.2cm，修好后要对称，如图 3-64（a）所示。

缉翻领：领面与领里正面相叠，沿毛缝缉线 0.8cm，缉线时领里拉紧，领面略松，领角部位要有里外匀窝势，如图 3-64（b）所示。

折转缝头:缝头修齐,领角修剪留缝头 0.2cm,如图 3-64(c)所示;折转熨烫领口缝边,如图 3-64(d)所示。

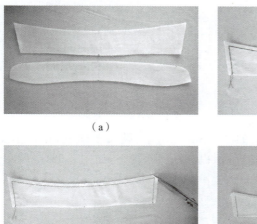
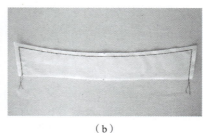
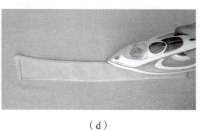

(a)   (b)

(c)   (d)

图 3-64

翻转翻领:用镊子捏住领角翻出,翻转后在领里面烫里外匀,不要出现反吐现象,烫平,两侧角对称,如图 3-65(a)所示。

缉翻领止口:缉 0.6～0.7cm 止口线,再整理领角,要求领角对称,如图 3-65(b)所示。

修剪翻领上下。

(a)   (b)

图 3-65

(2) 做底领。缉底领下口线:沿底领衬下口,折烫 0.8cm 缝头,如图 3-66(a)所示;正面缉 0.7cm 固定线,并在上口做好翻领刀眼和中心刀眼,如图 3-66(b)所示。

(a)   (b)

图 3-66

缝合翻领和底领：底领面和领里正面相叠，中间夹入翻领三层，如图 3-67(a)所示；刀眼分别对准，沿底领缉线，如图 3-67(b)所示。

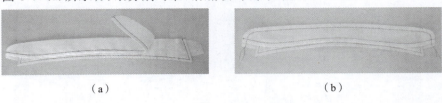

图 3-67

修剪两端圆头剩 0.3cm，如图 3-68(a)所示；圆头要圆顺，止口不反吐，线头要平整服帖，如图 3-68(b)所示；翻烫底领，烫平，如图 3-68(c)所示。

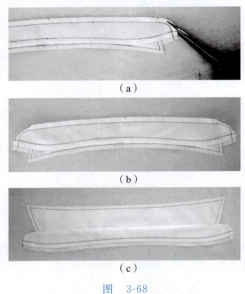

图 3-68

（3）装领。底领领里的下口与衬衫领圈对齐，正面相对齐。起落针时，底领比翻门里襟缩进 0.1cm，翻门襟，开始缉缝份线 0.8cm。刀眼位对齐如图 3-69 所示。

图 3-69

（4）压领。压缉底领领面时，要盖过装领缉线，底领领面也要缉住 0.1cm，如图 3-70 所示。

图 3-70

6）做、装袖衩及装袖

（1）做袖衩。扣烫门里襟袖衩：在装袖衩时多采用夹缉的方法，为保证上下两层缉匀、缉牢，在熨烫时可先将上层缝份折烫，再折宽度，将下层转折好缝份后再上层熨烫，如图 3-71 所示。

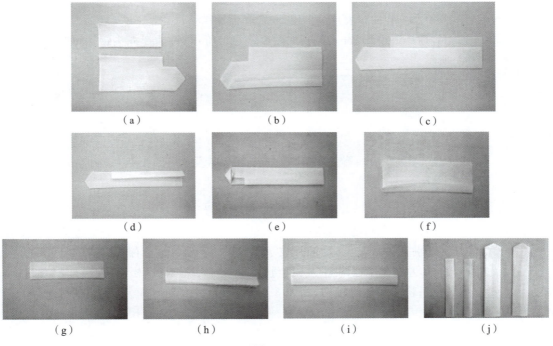

图 3-71

（2）装袖衩。将袖衩口中间剪开，并剪一个三角，将三角熨烫袖片正面上止口，熨平，如图 3-72（a）所示。

缉里襟袖衩明止口：将里襟袖衩放在两线剪开的后袖片上，里襟袖衩夹住袖片，正面朝上，缉压 0.1cm 明线，如图 3-72（b）所示。

缉门襟袖衩明止口：将门襟袖衩放在两线剪开的前袖片上，门襟袖衩夹住袖片，正面朝上，缉压 0.1cm 明线，如图 3-72（c）所示。

固定袖口折裥：折裥向后袖方向折叠，缉线固定，如图 3-72（d）所示。

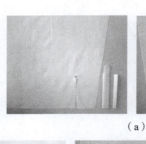

(a)

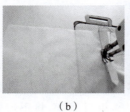
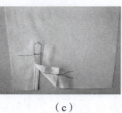
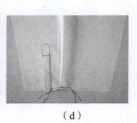

(b)　　　　　　　　　(c)　　　　　　　　　(d)

图 3-72

(3) 装袖。衣片放上层,衣片和袖片相叠,如图 3-73(a)所示;肩部刀眼对齐,袖片绱线 0.8cm 缝头,如图 3-73(b) 所示;将袖片缝头锁边,如图 3-73(c) 所示。

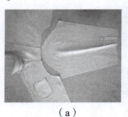
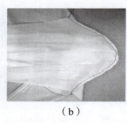
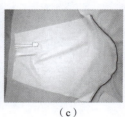

(a)　　　　　　　　　(b)　　　　　　　　　(c)

图 3-73

7) 缝合侧缝和袖底缝

前衣片放上层,后衣片放下层,缝头缝制1cm。右身从袖口向下摆方向缝合,左身从下摆向袖口方向缝合,袖衣十字缝对齐,松紧一致,如图 3-74(a)所示;将衣片侧缝锁边,如图 3-74(b)所示。

(a)　　　　　　　　　(b)

图 3-74

8) 做、装袖克夫

(1) 做袖克夫。袖克夫面粘衬后,袖克夫面反面朝上,扣熨上止口 0.8cm 缝份,如图 3-75(a)所示;缉线止口,在袖克夫面止口上,正面缉 0.7cm 明止口,如图3-75(b)所示。

缉袖克夫圆角:袖克夫正面相叠,缉线缝 1cm,如图 3-75(c)所示;修剪圆角剩 0.3cm,如图 3-75(d)所示;圆角圆顺,大小相同,做出里外匀势,如图 3-75(e)所示;熨烫袖克夫,如图 3-75(f)所示。

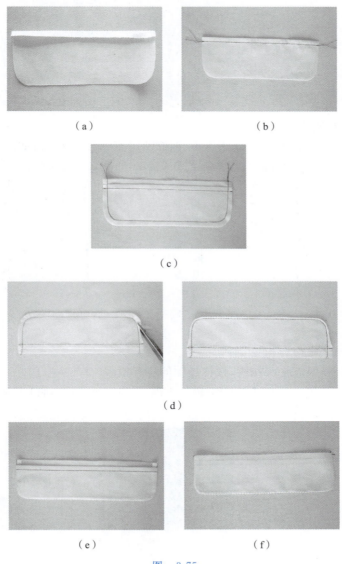

图 3-75

(2) 装袖克夫。袖片反面与袖克夫里正反相对,缉缝 0.8cm,如图 3-76(a)所示;然后缉 0.1cm 止口线,再缉袖克夫其余三边缉线 0.6cm,止口或不缉明线,如图 3-76(b)所示。

（a）　　　　　　　（b）

图　3-76

9）卷底边

熨烫卷下摆底边内缝 0.5cm，再折贴边宽 0.6cm 折转，如图 3-77（a）所示；从翻门襟衣边开始向里襟压线 0.15cm，如图 3-77（b）所示。

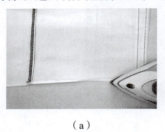 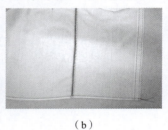

（a）　　　　　　　（b）

图　3-77

10）锁眼与钉扣

（1）锁眼。平头扣眼，按样板上的位置锁眼。

（2）钉扣。要求位置准确，锁钉牢固，衣身横眼 6 粒、袖口 4 粒，如图 3-78 所示。

图　3-78

11）检验、整烫

各条缝线、折边处要熨烫平整、压实。从正面熨烫时要垫上烫布，以免损伤布料或烫出极光。

实训作业

1. 简述男衬衫的制作过程。

2. 如何做好男衬衫袖衩和领子的缝制工艺与处理？

3. 按工艺流程缝制1件男衬衫。

服装工艺制作

任务 3.4 女西服成品制作

任务导读

本任务内容是服装学习者的总和。此款西服是典型的女西服,四开身,平驳头,前后公主线分割,两片式袖,左右各一个挖袋,并运用具体实例阐述服装各部位的操作方法及完成效果。

实训课程	服装缝制工艺	实训地点	
实训内容	女西服成品制作	实训日期	
实训目的与要求	1. 了解女外套的结构及特点,熟练掌握女外套的打线钉和粘衬工艺。 2. 掌握女外套的缝制工艺,挖袋、公主线各个部件的缝制工艺。 3. 学会女外套领子与袖子的组装、前片及各种部位窝势的处理。		
实训设备			
实训小结			

实训记录

▷ 部件说明

该款女外套为两粒扣外衣,左右一个挖袋,平驳领,四开身前后公主线分割,两片式袖片,两粒装饰扣。如图 3-79 所示。

图 3-79

▷ 成品规格

✂ 技术要求

(1) 符合成品规格。
(2) 外形美观,面与里松紧适宜,内外无线头。
(3) 分割线、均匀顺直。
(4) 止口平直,驳头、领口窝服均匀,左右对称。
(5) 嵌条宽窄一致,开口方正,袋角不露毛、无褶裥,袋口平服、缉线顺直、无还口。
(6) 袖山吃势均匀,挺拔,肩部顺直、袖山饱满自然。
(7) 整烫符合人体要求,烫煞无极光。

3.4.1 女西服成衣的工业样板及排料图

女西服成衣的工业样板及排料图如图 3-80 所示。

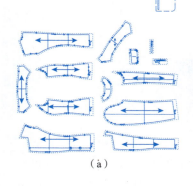
(a)

(b)

(c)

图 3-80

3.4.2 女西服成衣的裁片数量与辅料

女西服成衣的裁片数量与辅料如图 3-81 所示。

面料类:前衣片 2 片、前侧片 2 片、挂面 2 片、后中片 2 片、后侧片 2 片、后领贴 1 片、上嵌条 2 片、下嵌条 2 片、袋垫 2 片、袋盖 4 片、领面 1 片、领里 1 片、大袖片 2 片、小袖片 2 片。如图 3-81(a)所示。

里料类:袋布 2 片。如图 3-81(b)所示。

衬料类:前衣片 2 片、前侧片 2 片、挂面 2 片、后中片 2 片、后侧片 2 片、后领贴 1 片、上嵌条 2 片、下嵌条 2 片、袋垫 2 片、袋盖面 2 片、领面 1 片、大袖片 2 片、小袖片 2 片。如图 3-81(c)所示。

其他:纽扣、滚条、缝纫线如图 3-81(d)所示。

（a） （b）

（c） （d）

图 3-81

3.4.3 女西服的缝制工艺操作步骤

1) 检查裁片

要求主、副片齐全；各部位无残、疵点及色差。

2) 做缝制记号

打刀眼的位置：按样板在搭门线、眼位、驳口线、领缺嘴、袋位线、分割弧线拐点、腰节对位点、底边线、背中线、袖中线、袖肘线、袖底边线、下摆线（包括领衬），如图 3-82(a) 所示。

剪衬时的注意事项，如图 3-82(b) 所示。前衣片 2 片、前侧片 2 片、挂面 2 片、后中片 2 片、后侧片 2 片、后领贴 1 片、上嵌条 2 片、下嵌条 2 片、袋垫 2 片、领面 1 片、大袖片 2 片、小袖片 2 片均采用直丝的粘合无纺衬。

（a） （b）

图 3-82

3)烫无纺衬及锁边

烫将所有裁片烫衬袋盖,如图3-83(a)所示。前衣片2片、前侧片2片、挂面2片、后中片2片、后侧片2片、后领贴1片、上嵌条2片、下嵌条2片、袋垫2片、袋盖面2片、领面1片、大袖片2片、小袖片2片反面与无纺衬粘合,熨烫时不宜拉紧。烫无纺衬时要烫到衬上的胶粒完全融化,使衬与面料完全粘合,无气泡,熨烫时注意时间、温度与压力的相互配合,如图3-83(b)所示。

注意:此步骤要求粘衬牢固,所有部件左右长短一致、对称、不变形。

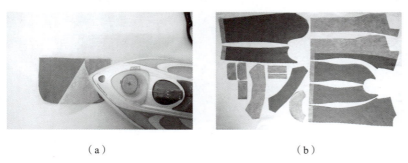

(a) (b)

图 3-83

锁边:将前衣片肩部与弯刀处锁边、前侧片两边侧缝锁边、挂面肩部锁边、下嵌条袋垫各一边锁边、后中片肩部后侧缝后中线锁边、后侧片两边侧缝锁边、后领贴肩部锁边、大袖片两边侧缝锁边、小袖片两边侧缝锁边。如图3-84所示。

注意:锁边处无弯斜,面料正面朝上锁边。

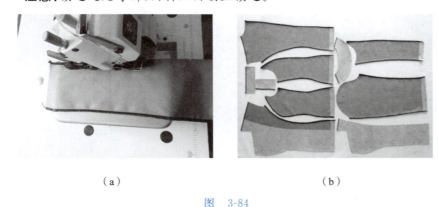

(a) (b)

图 3-84

4)缝合前后衣片分割线及后中缝

前衣片与前侧片正正面相对,对准对位点以1cm缝位缝合。以同样方法缝合后面分割线,然后将弧形部位和腰节线缝份进行剪口处理。如图3-85(a)所示。将缝份分熨烫开,如图3-85(b)所示。将后中缝正正相对缝合,如图3-85(c)所示。在将缝份分熨烫开,如图3-85(d)所示。

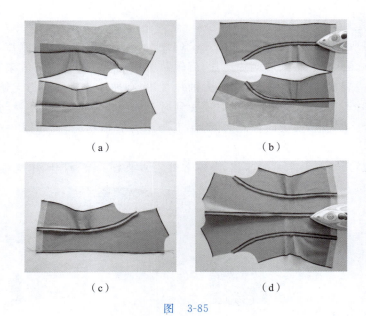

(a)　　　　　　　　　　(b)

(c)　　　　　　　　　　(d)

图 3-85

5）做装口袋

开口袋：在前身上准确划出开袋位置。如图 3-86（a）所示。固定袋如图 3-86（b）所示。将上嵌条和下嵌条烫好如图 3-86（c）所示。在将烫好的嵌条面料对准前身上的开袋位，车缝上下线，两边各缉缝 0.5cm 缝份，两线间距为 1cm，缝线要顺直，两端打倒针如图 3-86（d）所示。沿两道缝线中间将衣片剪开，距两端 1~1.5cm 处剪三角。注意要剪到缝线根处剩 0.1cm，左右不要剪断缝线，如图 3-86（e）所示。在进行翻烫扣熨如图 3-86（f）所示。

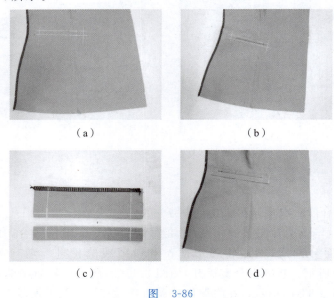

(a)　　　　　　　　　　(b)

(c)　　　　　　　　　　(d)

图 3-86

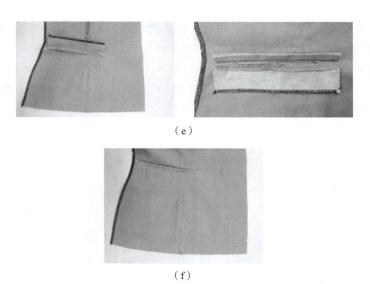

(e)

(f)

图 3-86（续）

封三角：将口袋整烫后正面朝上放平，将衣片和口袋布翻起，拉紧嵌条，在三角根部来回缉三至四道线固定，如图3-87所示。

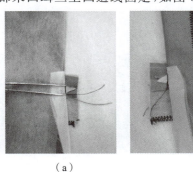
（a）

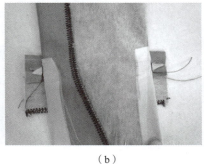
（b）

图 3-87

固定下嵌条及袋垫：将衣片翻折，沿下嵌条锁边处固定嵌条与口袋布，如图3-88（a）所示。确定袋垫大致位置，同样延锁边处固定在口袋布上，如图3-88（b）所示。

（a）

（b）

图 3-88

做袋盖：袋盖里、面正正面相对。袋盖面朝下，袋盖里上画净线，放在上面，如图3-89(a)所示。按净样车缝，圆角时吃缝袋盖面，如图3-89(b)所示。将袋盖按净样边修剪里外匀面修剩0.3cm，里修剩0.4cm缝份，如图3-89(c)所示。在翻熨烫袋盖，袋盖面凸出0.1cm，如图3-89(d)所示，在翻烫好的袋盖里上按袋盖宽划粉线标记，如图3-89(e)所示。注意不要倒吐，缉线顺直，圆角圆顺，面松里紧。装袋盖如图3-89(f)所示。

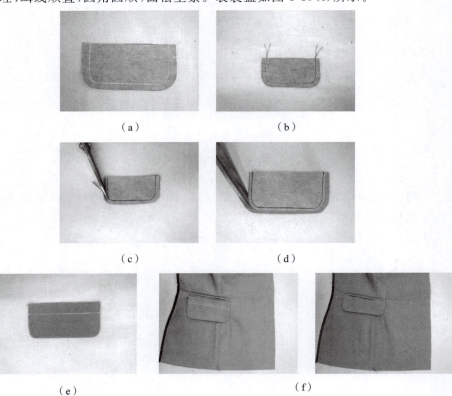

图 3-89

缝合袋布、包缝：口袋布正正相对，滚条放在袋布上，缉缝头0.3cm，滚条稍微拉紧，如图3-90(a)所示。翻折包缝，缉压0.1cm明线装饰，如图3-90(b)所示。

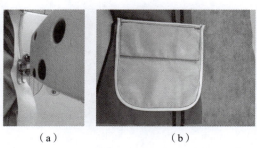

图 3-90

6）缝合肩缝

前、后肩正面相对缝合，后肩斜略吃进约 0.5cm（吃量根据面料质地而定），如图 3-91(a)所示。挂面和后领贴肩部缝合同理，如图 3-91(b)所示。分缝烫平肩缝，如图 3-91(c)所示。

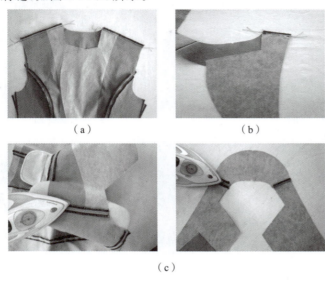

（a） （b）

（c）

图 3-91

7）缝合侧缝

将前后身缝合侧缝，分缝烫平侧缝，如图 3-92 所示。

 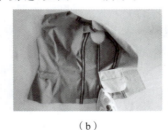

（a） （b）

图 3-92

8）缝合前片与挂面

将挂面与前身正面相对，从驳领处开始勾止口，注意领角处略吃挂面，止口至下摆拐角处略吃大身，如图 3-93(a)所示。下摆角处剪斜角，如图 3-93(b)所示。

修剪止口：驳领处挂面留 0.3cm，大身留 0.5cm 缝份，下身止口处相反进行修剪，如图 3-93(c)、(d)所示。

翻烫下摆止口：下摆用镊子夹住尖角，如图 3-93(e)所示。扭转半圈，如图 3-93(f)所示。翻转角位，如图 3-93(g)所示。驳领大身一侧和止口挂面一侧倒缝里外匀，如图 3-93(h)所示。

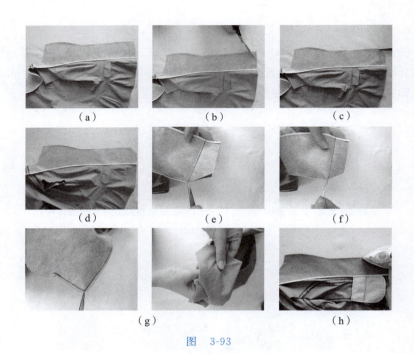

图 3-93

9) 做领、装领

(1) 做领。以领净样板为准,面、里正正相对,领里在下,领面在上,缉缝 0.8cm,两边领口缉线缝份剩 1cm 的缝位,缉时应在领角两侧略微拉紧,使其产生里外匀,以满足领子的窝服要求,如图 3-94(a) 所示。沿缉线位,修剪缝份,领面修剪剩 0.3cm,领里修剪剩 0.5cm,如图 3-94(b) 所示。

注意:将领里坐进 0.1cm,里外匀熨烫,领角要烫出窝势。如图 3-94(c) 所示。

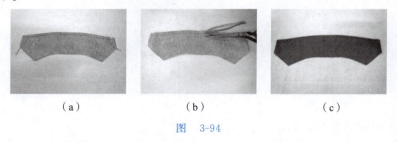

图 3-94

(2) 装领。缉装领面下口和领里下口线,对准对位点,分别将领面与挂面、领里与衣身,在领口直角处进行缝合,缉合缝份 1cm,从左衣片领口直线开始缝制装领转角处,落下机针,抬起压脚,在衣片转角处打斜口,放下压脚缝制另一边领口缝份,如图 3-95(a) 所示。

领弧线位置处打剪口,如图 3-95(b) 所示。分烫领缝份,两层领口直角处分别分缝熨烫,缺嘴处缝头重叠部位应适当修剪,然后在挂面正面将串口烫直、烫顺、烫薄,如图 3-95(c) 所示。

用手针或缝纫机将两层领窝处的缝份缝合固定,如图 3-95(d) 所示。

第 3 章　服装工艺的拓展与提升

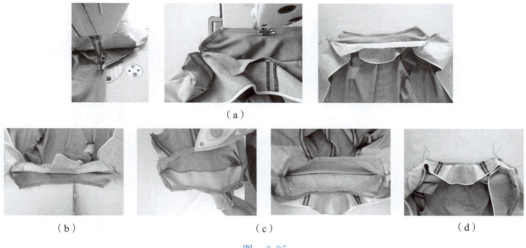

图　3-95

10) 做袖、装袖

(1) 做袖。缝合前袖缝，如图 3-96(a) 所示。分缝烫平，如图 3-96(b) 所示。

缝合后袖缝，分缝烫平，如图 3-96(c) 所示。

扣烫袖口折边，如图 3-96(d) 所示。缉线 0.1cm 明线，如图 3-96(e) 所示。

把缩缝后的袖山头放在铁凳上熨烫均匀、平滑，使袖山圆顺饱满。

(2) 装袖。将袖山和袖窿的对位点对好，车缝袖窿一周，如图 3-96(f) 所示。

包缝袖窿，如图 3-96(g) 所示。

实训记录

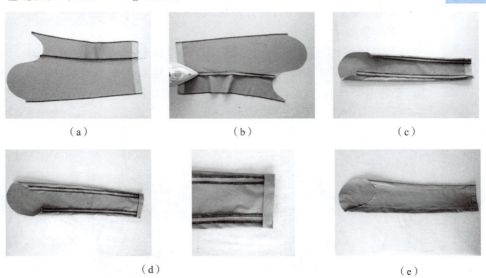

图　3-96

111

　　　　（f）　　　　　　　　　　　（g）

图 3-96（续）

11）卷底边

衣片反面朝上，下摆扣熨 1cm 和 1.5cm 缝份，如图 3-97（a）所示。沿边缉线 0.1cm 明线，

注意：线缉松紧适宜，底边不皱，如图 3-97（b）所示。

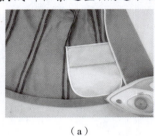 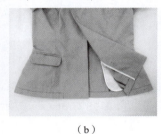

　　　（a）　　　　　　　　　　（b）

图 3-97

12）锁眼、钉扣

平头扣眼：按样板上的位置锁眼。

钉扣：要求位置准确，锁钉牢固，衣身横眼 2 个。

13）整烫

各条缝线、折边处要熨烫平整、压死、驳口翻折线第一扣位向上三分之一不能烫死。从正面熨烫时要垫上烫布，以免损伤布料或烫出极光。整烫后，要将服装挂在衣架上充分晾干后再包装，如图 3-98 所示。

图 3-98

实训作业

1. 了解女外套缝制工艺要求,简述其流程。

2. 按工艺流程完成1件女外套。

参 考 文 献

[1] 周捷.服装部件缝制工艺[M].2版.上海:东华大学出版社,2019.
[2] 张文斌.成衣工艺学[M].3版.北京:中国纺织出版社,2010.
[3] 于丽娟.裙装设计·制板·工艺[M].2版.北京:高等教育出版社,2022.
[4] 于丽娟.衬衫设计·制板·工艺[M].2版.北京:高等教育出版社,2022.
[5] 于丽娟.裤装设计·制板·工艺[M].2版.北京:高等教育出版社,2022.
[6] 于丽娟.女外套设计·制板·工艺[M].2版.北京:高等教育出版社,2022.